数学ガールの誕生

理想の数学対話を求めて

結城 浩
Hiroshi Yuki

●ホームページのお知らせ

本書に関する最新情報は、以下の URL から入手することができます。

http://www.hyuki.com/girl/birth.html

この URL は、著者が個人的に運営しているホームページの一部です。

Ⓒ 2013 本書の内容は著作権法上の保護を受けております。著者・発行者の許諾を得ず、無断で複製・複写することは禁じられております。

C O N T E N T S

はじめに vii

第I部　公立はこだて未来大学講演　1

第1章　講演「数学ガールの誕生」　3

- 1.1　講師紹介 …………………………………… 3
- 1.2　講演のはじまり …………………………… 4
- 1.3　ミルカさん（2004年） ………………… 6
- 1.4　数学ガール（2007年） ………………… 8
  - 1.4.1　数式 ………………………………… 10
  - 1.4.2　微分演算子 D の定義 …………… 11
  - 1.4.3　分割数の母関数 ………………… 12
- 1.5　フェルマーの最終定理（2008年） … 14
  - 1.5.1　群の公理 ………………………… 15
  - 1.5.2　ミルカさんの宣言 ……………… 18
  - 1.5.3　フェルマーの最終定理の証明 … 20
  - 1.5.4　楕円曲線と保型形式《旅の地図》… 22
- 1.6　ゲーデルの不完全性定理（2009年） … 24
  - 1.6.1　サインカーブ …………………… 26
  - 1.6.2　書いちゃだめですよ …………… 27
  - 1.6.3　プログラムっぽい数式 ………… 28
  - 1.6.4　証明の旅の地図 ………………… 31
- 1.7　乱択アルゴリズム（2011年） ………… 33
  - 1.7.1　1の個数 ………………………… 36
  - 1.7.2　バブルソートのウォークスルー … 37
- 1.8　ガロア理論（2012年） ………………… 43
  - 1.8.1　3次方程式の解の公式 ………… 46
  - 1.8.2　対称群 S_3 の分解 ……………… 48
  - 1.8.3　《体の塔》と《群の塔》 ……… 50

iii

	1.9	コミック版『数学ガール』 ·················· 52
		1.9.1 言葉を大事にする数学 ············· 53
		1.9.2 母関数の定義 ························ 55
	1.10	コミック版『フェルマーの最終定理』 ········ 56
		1.10.1 何かおもしろいこと ················· 57
		1.10.2 何を言っても大丈夫 ················· 59
		1.10.3 どうなるんですか？ ················· 61
	1.11	コミック版『ゲーデルの不完全性定理』 ······ 63
		1.11.1 $0.999\cdots = 1$ ··················· 64
		1.11.2 数学的帰納法 ······················· 66
		1.11.3 形式的体系を作る ··················· 66
		1.11.4 形式的体系はテーマパーク ·········· 68
	1.12	電子書籍 ··································· 70
	1.13	翻訳 ······································· 70
	1.14	ファン活動 ································· 71

第2章　質疑応答とフリーディスカッション　75

2.1	読者 ······································· 75
2.2	追体験 ······································· 79
2.3	仕組み ······································· 82
2.4	教えること ··································· 83
2.5	執筆の準備 ··································· 91
2.6	対象読者 ····································· 98
2.7	タイトルと部数 ······························ 101
2.8	ガールの立場 ································ 104
2.9	情報ガール ··································· 108
2.10	学生との対話 ································ 111
2.11	完食率 ······································· 115
2.12	次のプランは ································ 121
2.13	相手のことを考える ························ 123

第II部　「さる勉強会」講演　129

第3章　講演「数学ガールの誕生」　131

- 3.1 講演 …………………………………………… 131
- 3.2 《旅》の始まり ………………………………… 132
- 3.3 著者 …………………………………………… 135
- 3.4 作品 …………………………………………… 141
  - 3.4.1 数学ガール（2007年）………… 150
  - 3.4.2 フェルマーの最終定理（2008年） 152
  - 3.4.3 ゲーデルの不完全性定理（2009年）
    ………………………………………… 155
  - 3.4.4 乱択アルゴリズム（2011年）…… 158
  - 3.4.5 ガロア理論（2012年）………… 160
  - 3.4.6 コミック版（1）（オイラー）……… 163
  - 3.4.7 コミック版（2）（フェルマー）…… 164
  - 3.4.8 コミック版（3）（ゲーデル）…… 165
  - 3.4.9 電子書籍 ………………………… 166
  - 3.4.10 英語版（1）（オイラー）………… 168
  - 3.4.11 英語版（2）（フェルマー）……… 170
  - 3.4.12 そのほかの翻訳 ………………… 172
- 3.5 読者 …………………………………………… 179
  - 3.5.1 イラスト ………………………… 180
  - 3.5.2 Twitter …………………………… 187
  - 3.5.3 音楽とビデオ …………………… 189
  - 3.5.4 擬似言語実行環境 ……………… 190
- 3.6 コミュニケーション …………………………… 193
  - 3.6.1 Webサイト ……………………… 194
  - 3.6.2 結城メルマガ …………………… 199
  - 3.6.3 Web連載 ………………………… 202
  - 3.6.4 Twitter …………………………… 206
- 3.7 旅の終わりに ………………………………… 208

第4章　質疑応答とフリーディスカッション　211

- 4.1 『数学ガール』を題材にした卒業論文 ……… 212
- 4.2 書籍を書くときの立ち位置 ……………… 213
- 4.3 テクノロジーとサイエンスのはざまにて … 215
- 4.4 読者の納得感 ……………………………… 217
- 4.5 編集者の役割 ……………………………… 221
- 4.6 参考書の選び方 …………………………… 225
- 4.7 まちがいそうなところをどうやって拾うのか ……………………………………………… 227
- 4.8 扱うテーマの粒度について ……………… 233
- 4.9 数学以外の〇〇ガール …………………… 237
- 4.10 説明の道具立てをどう探すか …………… 239
- 4.11 本という形のコンテンツ ………………… 241
- 4.12 キャラクタのモデル ……………………… 245
- 4.13 どのくらい勉強するのか ………………… 246
- 4.14 文章を書くモチベーション ……………… 251

第III部　数学ガールの誕生前夜　253

- 女の子 ……………………………………………… 255
- インテグラル ……………………………………… 257
- 指の数 ……………………………………………… 259
- ミルカさん ………………………………………… 261

- 「数学ガール」年表 ……………………………… 263
- 索引 ………………………………………………… 265

はじめに

本書について

　本書『数学ガールの誕生』は、結城浩（私）が 2012 年に行った講演集です。私は講演の中で以下のことを語り、聴衆の方々とフリーディスカッションを行いました。

- 「数学ガール」シリーズが誕生した経緯
- 教えることと学ぶことについて
- 読者に伝わる本を書くことについて

　本書の第 I 部は、2012 年 5 月 9 日に公立はこだて未来大学で行った講演です。同大学システム情報科学部複雑系知能学科の高村博之教授に招いていただきました。

　第 II 部は、2012 年 12 月 8 日に「さる勉強会」で行った講演です。「さる勉強会」というのは数学に関わる編集者を中心とした集いで、その定例会に招いていただきました。

　講演開催の労をとってくださったみなさまに感謝いたします。

「数学ガール」について

　「数学ガール」シリーズは、中学生・高校生の仲間が数学にチャレンジする一連の物語です。物語の形式をとってはいますが、そこで扱っている数学は本格的で、数式もたくさん登場します。中学生・高校生をはじめ、大学生から社会人、そして数学の専門家まで幅広

く楽しめる作品です。

　物語の語り手は、数学は好きだけれど人付き合いはちょっと苦手な高校二年生の「**僕**」です。「僕」は数学が得意な同級生**ミルカさん**と出会い、やがて二人は放課後の図書室で数学の問題に取り組むようになります。さらに一年後、「僕」の後輩である元気少女**テトラちゃん**がその輪に加わります。

　「僕」は、才媛ミルカさんに数学を教えてもらう生徒役であると同時に、後輩テトラちゃんに数学を教える先生役でもあります。「僕」・ミルカさん・テトラちゃんの三人がそれぞれの持ち味を生かして数学の問題に挑戦するうちに、三人の関係は不思議な展開を見せていくことになるのでした。

　シリーズ第1巻ではミルカさんとテトラちゃんの二人だけだった「数学ガール」ですが、第2巻では中学生の**ユーリ**が、第4巻ではプログラミングが得意な**リサ**が登場し、さらに世界を広げていきます。

　「僕」と数学ガールたちが、理想の数学対話を重ねていく——「数学ガール」シリーズは、そのような数学青春物語なのです。

第Ⅰ部

公立はこだて未来大学講演

第1章

講演「数学ガールの誕生」

> ここは公立はこだて未来大学の図書館です。
> 高い吹き抜けが気持ちのいいスペース。
> 図書館の中で講演やディスカッションを行うなんて、
> まるで「数学ガール」に出てくる双倉図書館のようですね。

1.1 講師紹介

司会者（高村教授）：それでは時間になりましたので、さっそく始めたいと思います。今日の講演者である、結城浩さんです。

結城浩：よろしくお願いします。（拍手）

司会者：経歴その他については紹介するまでもないと思いますので、カットしましてですね、まず、こういう会を開くにあたった経緯をお話しします。

　昨年度の私（高村）のところの卒業研究生が、漫画を数学教育・数学学習に使えるかどうかに興味を持っていたんです。そのとき、たまたま私の自宅にですね、コミック版の『数学ガール』がありました。実はこれ、私の嫁が買ってきて「おもしろいから読んだら？」と言うので置いてたんです。あるとき読んでいたら非常におもしろくて、数学の記述部分が非常にしっかりしてて、いままで見たこともないような構成になってて……数学にいつも萌えている私も、ちょっと萌えて読んでしまったという。

それで、この本になぜこんなに魅力があるんだろうか、というのが疑問で……ええとまあ、そんな感じで3人の学生さんにコミック版の『数学ガール』を題材にした卒論を書いてもらったと。割と出来のよい論文になったので、恥を覚悟で結城先生にその卒論を送ったんです。

　それがきっかけで、今回の講演会を開催することになりました。以上がざっとした経緯です。ではまあ、これぐらいにして、まずは結城先生からお話をいただきたいと思います。（拍手）

1.2　講演のはじまり

　結城です。よろしくお願いします。

　えーと、いまご紹介いただいたように、高村先生から論文が送られてきました。見てみると、私の本『数学ガール』をコミカライズした本を題材に、卒論を書いた学生さんがいらっしゃると。まさか卒論を書く人がいるっていうのは想像もしてなかったです。

　いただいた卒論を読むとたいへんおもしろいんですね。自分が一生懸命書いた本を題材にした論文なので、おもしろいのは当然ですけれど……それにしてもおもしろかった。

　卒論を送ります——卒論いただきました、おもしろいですね——というやりとりをメールでやっているうちに、高村先生から「未来大に来てお話ししていただけませんか」というお誘いを受けました。

　ふだん私は「顔出しNG」という方針で活動していまして、パブリックな場所で話すような講演会はしていないんですが、卒論まで指導してくださった先生がおっしゃるので、ちょっと行ってみようかなと思いました。

　それからもう一つ理由がありまして、実はいま私はちょうど「農閑期」にあたるんです。ちょうど「数学ガール」シリーズの第5巻目、『数学ガール／ガロア理論』を書き終えたところで、このあいだ

再校が終わったんですよ。つまり、いま非常に幸せな時期で、もう何でも話しまっせみたいな気分なんです。（笑）

　卒論を書いてくださった研究室の先生から、サービス精神にあふれた時期にお呼びいただいたので、みなさんにちょっぴりおもしろい話を聞いていただこうと準備してきました——という感じです。（スライド表示）

数学ガールの誕生

2012 年 5 月 9 日
結城浩

　今日みなさんにお話しするのは「数学ガールの誕生」ということで、「数学ガール」がどういうものであるかを時系列にそってお話しします。「数学ガール」に出てくる内容で、数学的な内容——特に「教育と絡む話」と「人に何かをわかりやすく伝える話」に関連した部分を、ざざざざっと見ていきます。いうなれば、「数学ガール」シリーズの美味しいところをピックアップしていこう——そんな話です。

　それでは、お話に入っていきましょう。

　私はふだんネットで活動していて、www.hyuki.com というサイトに私の活動のほとんどすべてがあります。

　「顔出し NG」ということでやっているので、今回も「写メ」とか撮らないで……それに「結城さん函館なう」とか Twitter に書かないでくださいね。（笑）

　今回の話は、私が再構成して文章に起こしたものをパブリックに

出しますので、よろしくお願いします。

　私は「顔出しNG」ですけど、ふだんはこういう顔でやってます。
（スライド表示）　（笑）

```
結城浩
```

　これは「スレッドお化け坊や」というキャラクタで、まあ、自分で考えて自分で描いたものですね。

1.3　ミルカさん（2004年）

　私ははじめ、2004年に「**ミルカさん**」という物語を書きました（本書p. 261に収録）。1ページくらいのほんとに短いお話なんですが。（スライド表示）

2004年「ミルカさん」

> ホーム > 心の物語 > ミルカさん　　　　　　　　　　　　　　検索 | 更新情報
> 続　書籍版『数学ガール』 | 1 | 2 | 3 | 4 | 5 | 6　数式つきPDF版　IPAフォント埋め込み版PDF　数学ガール
>
> ### ミルカさん
>
> 結城浩
>
> 高校一年の夏。
>
> 期末試験が終わった日、がらんとした図書室で数式をいじっていると、同じクラスのミルカさんが入ってきた。ミルカさんは僕に気がつくと、まっすぐにそばまでやってきた。
>
> 「回転？」ミルカさんは立ったまま僕のノートをのぞき込んで言う。
>
> うん、と僕は答える。ミルカさんのめがねはメタルフレームだ。レンズは薄いブルーがかっている。
>
> 「軸上の単位ヴェクタがどこに移るかを考えればすぐにわかる。覚える必要なんかないでしょ」ミルカさんは僕のほうを見て言った。ミルカさんの言葉遣いはストレートで、ちょっと変わっている。ベクトルのことをいつもヴェクタと言う。
>
> いいんだよ、練習しているだけなんだから、と僕は目を伏せる。

　この「ミルカさん」というお話には、名前が付いていない「僕」というキャラクタと、それから「ミルカさん」という黒髪が長くて、眼鏡を掛けていて、非常に数学ができるキャラクタが出てきます。この二人が図書館で対話をするという、それが「ミルカさん」という短いお話です。

　この「ミルカさん」という物語を書いているときには、お金をもらおうとか、これで本を作ろうとかいうことはまったく考えてませんでした。もう純粋に自分の趣味を、どっと注ぎ込んだ文章を作っただけです。

　この文章はWebで公開してるんですが、そうするとですね、この物語が理系の男の子の心をわしづかみにしまして——いろんな方から「いいね！ これだよこれ！」みたいな、「わかってるじゃん、結城さん！」みたいな、そういう声がやってきました。

　で。

　そういうふうにのせられると、ライターってのは、もうなんぼでも

書くもんです。話をどんどん広げていって、LaTeX を使って Euler Font という一風変わったフォントで物語を作りました。

　で、さらに。

　Web で公開していると「わかってるじゃん！」と思う方がどんどん広がって、今度は新しいキャラクタも出てくるお話を書くようになりました。

　そうこうしているうちに時は過ぎてですね、書籍になりまして、めでたく出版されたのが 2007 年の『数学ガール』になります。

1.4　数学ガール (2007年)

　右側に立っている、この髪の長い女の子が先ほど述べた**ミルカさん**というキャラクタですね。彼女は物語の中では高校二年生でスタートします。高校二年生ではありますが、非常に数学ができる女の子ですね。

もう一人、この左側に座っているのが**テトラちゃん**というキャラクタです。彼女は、「僕」と呼ばれている主人公からしてみると、一年後輩になります。高校一年生ですね。この子、テトラちゃんは数学がとても好きです。好きではあるんですが、いまひとつ苦手。そういうキャラクタですね。

　2007年の『**数学ガール**』は、この二人の女の子と「僕」という主人公の三人が、数学を題材に会話を繰り広げる本になります。

　ではここで扱っている数学はだいたいどんな感じかといいますと……（スライド表示）

『**数学ガール**』（オイラー）

- 「数学ガール」シリーズ、最初の書籍
- **「僕」、ミルカさん、テトラちゃん**
- フィボナッチ数列、相加相乗平均の関係
- コンボリューション、調和数、ゼータ関数
- テイラー展開、カタラン数、分割数、母関数

　2007年の『数学ガール』は、**オイラー**という数学者をフィーチャーしたお話です。やさしい題材としてフィボナッチ数列、ちょっと歯ごたえのある内容として母関数を扱っています。ここに書かれた題材が一冊の本になっているんです。

　この巻は、第2巻目や第3巻目と違って、何か大きな目標があるわけではなく、数学のおもしろいところ、魅力的なところをとにかく注ぎ込んで作りました。そもそも、この本を書いた時点では、私は続刊が出るとはまったく思っていませんでした。こんなに数学数学した本が売れるとは思ってなくて、ただもう、自分の好きなことを本にしたんです。

純粋に趣味で書いたような本を、出版社さん（ソフトバンククリエイティブ）に出していただいたことになります。結果的に『数学ガール』は数学の本としては大変な人気になりました。日本全国に「これだよ！」っていう理系の男の子・女の子がいたということなんでしょうね。ありがたいことです。これ以降、ほぼ毎年のように続編が出まして、2012年の今年に第5巻目が出ることになります。

1.4.1 　数式

数学の一般書を出す場合に、ネックになるのは数式です。

数式を読者さんにどう見せるか。

ほんとうかどうかはわかりませんが、「本の中に数式を一つ出すと読者は半分になる」というジンクスがあるそうです。それで私はこの『数学ガール』の最初のページに、こういうことを書きました。（スライド表示）

数式

もしも、数式の意味がよくわからないときには、
数式はながめるだけにして、
まずは物語を追ってください。
テトラちゃんが、あなたと共に歩んでくれるでしょう。

—— 第1巻「あなたへ」より

このようにほんとうに書いたんですよ。「もしも数式の意味がよくわからないときにはながめるだけにして、物語を追ってください」と。……だから、数式は読み飛ばせと。このように冒頭に書きました。

これで励まされた読者はたくさんいたそうです。「ああ、わかった。じゃ、読み飛ばそう」ということですね。「『数学ガール』を買って読みました。数式は全部読み飛ばしました」という人もいました。（笑）

　でも「数式は全部読み飛ばしましたが、数学がおもしろくて楽しいということがよくわかりました」という読者さんもいらしたんですよ。ですから、この「あなたへ」を書いたのはよかったのでしょうね。

　冒頭に書いたこの指示には、予想以上に多くの方が喜んでくださいました。数式が得意な人はもちろん数式を読みます。でも、苦手な人は数式を読み飛ばして先に進む。読み飛ばして先に進むんですけど、なぜか、数学のおもしろさが伝わってくる……そんな不思議な本になりました。

1.4.2 微分演算子 D の定義

　では、その数式は、いったいどんなものでしょうか。「数式って数式じゃん」と言いたくなりますが、普通とはひとあじ違う数式の書き方をしてみました。

　たとえば、微分演算子。微分の定義と考えてもいいですが、こんなふうに書きました。（スライド表示）

微分演算子 D の定義

$$Df(x) = \lim_{h \to 0} \frac{f(x+h) - f(x+0)}{(x+h) - (x+0)}$$

——— 第1巻 第6章より

微分の定義の分母は普通 h だけにして、$(x+h)-(x+0)$ なんて冗長に書くことはありません。でも、ここではわざと冗長に書きました。それは、微分というものが、おおざっぱにいえば「差と差の比」に似ているものだということが、こう書けばよくわかるからです。

　何をいっているかというとですね、このような式の書き方だと、「分母の x が 0 から h までずれたときに、分子の関数 f の値はどれだけずれましたか」と読めるんですよ。

　数式がよくわからない人でも、「あ、何となく分子と分母が似てる形だね。分子は差になっているし、分母も差になっているね」ということが伝わる。数式を少しだけ冗長に書くと、パターンを知ることができる。

　数式がよくわかる人にも伝わることがあります。$(x+h)-(x+0)$ っていう書き方は、要するに h なんですが、わざわざ $(x+h)$ と $(x+0)$ の差の形に表現しています。このような冗長な書き方は普通はしませんし、微分の定義式をただ暗記している人には「なぜこんな書き方するの？」と思われます。でも、よくわかっている人には「ああ、なるほどね。差の比の形にして見せたかったのね」と伝わるんです。

1.4.3　分割数の母関数

　冗長な数式は『数学ガール』にたくさん出てきます。別の例を出しますね。（スライド表示）

> **分割数の母関数**
>
> $$P(x) = P_0 x^0 + P_1 x^1 + P_2 x^2 + P_3 x^3 + P_4 x^4 + P_5 x^5 + \cdots$$
>
> —— 第1巻 第10章より

　分割数の母関数です。ええと、母関数っていうのは数列を一つの関数——というか形式的冪級数として表現しているものですが……(スライドを指す) この数式では、$x^0, x^1, x^2, x^3, x^4, x^5, \ldots$ のように書いています。でも、普通は x^1 のようには書きません。ただ x とだけ書くのが普通。

　それに、普通は x^0 のようには書きません。これは 1 として扱って、だから $P_0 x^0$ というのはただ P_0 とだけ書くのが普通の数式の書き方です。

　えっと、x^0 については専門家も一瞬「え、これってまずくないか？」と考えますが、母関数に慣れている人はすぐに「あ、まあ形式的冪級数と考えれば正当化する議論はすぐにできるな」と思ってくださるはずです。

　ともかく、こんなふうに 0 乗や 1 乗についても、指数を明示的に書くことで、P_0 の 0 の部分と x^0 の 0 の部分が対応していることにすぐに気づくんです。数式のことがあまりわからない人でも、P の添字のところと、x の指数のところが「同じだ！」と気づいてくれる。

　パターンに気づく。

　母関数というものが、$P_0, P_1, P_2, \ldots$ という数列を一つに束ねてるっていうことが何となくわかってくる。これは数式をちょっぴり冗長に書いているからなんです。『数学ガール』では、こんな冗長な

数式をたくさん出すようにしています。

1.5　フェルマーの最終定理（2008年）

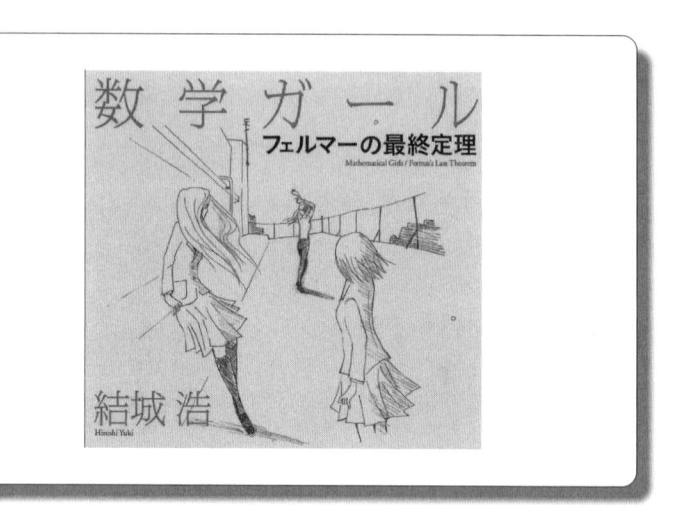

　さて、そんなこんなで人気が出ましたので、次の年に続刊作りましょうということになりました。それが『**数学ガール／フェルマーの最終定理**』です。

　いや、実は「第2巻目でもう最終定理かよ」という冗談がありまして、「いきなり最終定理なんて持ってきたら、第3巻目はどうするんですか」という意見もありました。

　でも、私は「数学ガール」シリーズを書くときには毎回「これが最後の巻かもしれない」と思って書いているんです。つまり、話のネタをうすく引き延ばしてえんえんと続けるようなことはするまいと。自分の全精力を次の一冊にかけようというやり方で書いています。（スライド表示）

> **『数学ガール／フェルマーの最終定理』**
>
> - 「数学ガール」シリーズ、二冊目の書籍
> - 「僕」、ミルカさん、テトラちゃん、**ユーリ**
> - 整数論
> - 群、環、体
> - 互いに素、ピタゴラス数、素因数分解
> - 背理法、鳩の巣論法、群の定義、アーベル群
> - 合同、オイラーの公式、フェルマーの最終定理

この巻では、ミルカさんと、テトラちゃんと、そしてもう一人、**ユーリ**というキャラクタが出てきます。

この巻を書き始めたころから、これは「僕」にとってのいわば「ハーレム」的な構造の物語だなということが私にもわかってきました。(笑)

ハーレムというか、「僕」が数学ガールたちと**理想の数学対話**をする物語ということですね。

1.5.1 群の公理

今回の大きなテーマは「フェルマーの最終定理」なのですが、数学の分野でいえば「整数論」になります。整数論は数論とも呼ばれ、数学の中でも最も魅力的な分野の一つですね。**ガウス**は「数学は科学の女王、数論は数学の女王」という言葉を残しています。

この巻では整数論や代数学（群・環・体）を題材として楽しい数学の話題を各章で紹介しています。

中学でも高校でも「群」というものは習わないのですが、群論の基礎はそれほど難しくありません。ふだん私たちが目にしている演算を抽象化して扱うという、簡単ですが数学の美しさがよく表れて

る分野だと思います。

「数学ガール」シリーズでは、「学校で習う数学」の範囲にまったくこだわりません。また分野や単元にもこだわりません。むしろそれらの垣根を自由に跳び越えるほうがたくさんの感動に出会えると思っています。まったく別の世界の出来事だと思っていたのにつながった！ というのは大きな感動になりますよね。

第1巻目の『数学ガール』はわりと話題が散らばっていたのですが、第2巻目は最後に「フェルマーの最終定理」に向かうことがわかっていたので——というか「フェルマーの最終定理」を読者に「ああ、なるほどね」と思ってもらうために——必要なものを見つけ、それをどのように説明するかに心血を注ぎました。

あ……ええとですね。私は数学者じゃないので、正直、このような（会場を見回す）参加者の名簿によりますと教授さんや准教授さんのような専門家がたくさんいらっしゃる場所で話すことになって、かなりびびっているんですが。（笑）

私は数学の専門家ではなくて、それどころか恥ずかしいことに、私はこの『数学ガール／フェルマーの最終定理』を書くまで、「互いに素」っていう概念がよくわかってなかったんですよ。でも、書いていくうちに「ああ、互いに素ってこういうことか。なるほど！」と思うわけです。その「なるほど」をぶつけて本に仕上げていったようなものです。

ということで第2巻では群の話をちゃんとやりました。群の例を出して「はい、こういうものが群ですよ」として終わりにするやり方もあるのですが、今回はそれはやりませんでした。「群の公理」というものを述べて、この公理を満たすものを群と呼ぶんだよ、という説明をしました。公理主義的な数学の考え方といってもいいと思います。私はそういうのがとても好きなのです。（スライド表示）

> **群の定義（公理）**
>
> 以下の公理を満たす集合 G を**群**（ぐん）と呼ぶ。
>
> - **演算** ⋆ に関して閉じている。
> - 任意の元に対して、**結合法則**が成り立つ。
> - **単位元**が存在する。
> - 任意の元に対して、その元に対する**逆元**が存在する。
>
> —— 第2巻 第6章より

　ここに書いてあるのが群の定義——まあ群の公理といってよいと思います。ほんとうにこんなふうに書かれているんですよ。ライトノベル風の青春物語の中に、いきなりこんな群の定義が書かれています。ここに書いてある表現は私の自信作です。

　どういうことかというと、この表現よりも少しでもやわらかく書こうとするとウソになりやすいし、これよりも少しでも厳密に書こうとすると難しい表現にならざるをえない——そういうぎりぎりの線をねらって書いています。

　たとえば、そのぎりぎりな感じはどういうところに出ているか、少し説明します。この会場には数学者の先生もたくさんいらっしゃるのでちょっと緊張するんですが。（笑）

　たとえばこの「逆元」のところ。ここでは「任意の元に対して」とわざわざ断っています。

- <u>任意の元に対して、</u>その元に対する**逆元**が存在する。

それに対して「単位元」のところではそんな断りは入れません。単純に「単位元が存在する」とだけ書いています。

- **単位元**が存在する。

1.5　フェルマーの最終定理（2008年）　017

これは数学的に正しくて、逆元というのは元ごとに存在するんですが、単位元というのは群に対して一つです。そのことを意識した表現にしているんです。こういう内容を、論理式を使って厳密に書くこともできるんですが、それをやると必要以上に難しくなってしまいます。ですから、この表現で踏みとどまりました。

　これが私の自信作です。ここにいらっしゃるえらい先生方の前で自慢してもしようがありませんが……でも自信作です。（笑）

1.5.2　ミルカさんの宣言

　このような表現を考えるのはとてもチャレンジングで楽しいことです。私がこういう公理主義的なものが好きな理由というのは、直後のミルカさんのセリフとして表現されています。群のもとになる集合（台集合）はただの集合です。その集合に命を吹き込むようにして公理を入れると、新しく群になります。そういうところが私はとても好きなんです。

　先ほどの群の定義は「大切なことのまとめ」になるんですが、これを登場人物のミルカさんが話すとどんなセリフになるか。

　こうなります。（スライド表示）

群の定義（宣言）

演算に関して閉じており、
任意の元に対して結合法則が成り立ち、
単位元が存在し、
任意の元に対して逆元が存在する——

かくのごとき集合を**群**と呼べ。

ミルカさんは宣言した。

—— 第2巻 第6章より

　ここでは数学ガールのミルカさんが、群の公理の復習をするようにすべての公理をなぞります。

　演算に関して閉じており、任意の元に対して結合法則が成り立ち、単位元が存在し、任意の元に対して逆元が存在する——

　そして、シメの言葉として高らかに宣言します。

　かくのごとき集合を**群**と呼べ。

　ああっ、もうっ、ミルカさん！　無茶苦茶かっこいい！（笑）
　これはミルカさんが、たしか病院で言ったセリフです。ミルカさんの宣言ですね。この宣言によっていままで何の構造も入っていなかった集合がいきなり群になる。「光あれ」みたいです。
　私は、ここに本質があると思うんですよ。ミルカさんが宣言し、集合が群になる。集合を群と見なす。そこに感動があるし、おもし

ろみがある。きちんと宣言することで読者に「大切なことなんだ」として伝わるんです。

　群の公理を満たすような演算を集合の中に定義してやって、集合に群構造を入れる。これって「構造を入れる」っていう感覚が明確に出るところじゃないかと思います。こういうかっこいいシーンをミルカさんがやってますね。

1.5.3　フェルマーの最終定理の証明

　さて「フェルマーの最終定理」できちんと**ワイルズ**の証明を追おうとすると、たいへんなことになってしまいます。『フェルマー予想』という分厚い数学の専門書が出ているくらいです。私はワイルズの証明を追えません。たいへん困りました。でも、最終の第10章では、フェルマーの最終定理をやりたい。

　いろいろ勉強して、考えているうちにふと気づきました。確かに自分は証明は追えない。でも「証明のいちばん大きな論理的な流れは追える」ということに気がついたんです。フェルマーの最終定理を証明するには、このような8ステップがあるということを読者に納得してもらえばいいのです。（スライド表示）

> **フェルマーの最終定理の証明の概略**
>
> 背理法を使う。
>
> 1. 仮定：フェルマーの最終定理は成り立たない。
> 2. 仮定から、フライ曲線が作れる。
> 3. フライ曲線：半安定な楕円曲線だが、モジュラーではない。
> 4. すなわち《モジュラーではない半安定な楕円曲線が存在する》。
> 5. ワイルズの定理：すべての半安定な楕円曲線は、モジュラーである。
> 6. すなわち《モジュラーではない半安定な楕円曲線は存在しない》。
> 7. 上記 4. と 6. は矛盾する。
> 8. したがってフェルマーの最終定理は成り立つ。
>
> —— 第 2 巻 第 10 章より

　ワイルズの証明を追うことはできない。でも、この 8 ステップを全部理解したなら、最も大きな論理構造は追ったことになる。たとえば「全体としては背理法だ」と言えるわけです。そうすると、この本を読んだ読者にはあるレベルでの納得感がある。その納得感はとても大切だと思いました。

　ここで注意が必要です。もしかしたら、読者さんの中には「背理法」をしっかり理解していない人がいるかもしれない。それでは納得感も激減です。ですから、最終章で「これかぁ！」と思ってもらうため、途中の章で一章をかけて背理法の説明をしました。

　背理法のポイントは何か。背理法のポイントは、証明したい命題の「否定」を仮定して「矛盾」を導き出すことです。証明したい命題の「否定」を仮定して「矛盾」を導き出す。そのことによって、証明したい命題が正しいことを証明できます。

1.5　フェルマーの最終定理（2008 年）

ですから「矛盾」という言葉を読者がよく理解しておく必要があります。矛盾というのは日常生活でもよく使いますが、数学では厳密に意味が決まっています。数学での矛盾は「○○で・あ・る・」という命題と、その否定の「○○ではない・・・」という命題の両方が証明されてしまうことです。

　この「矛盾」という言葉についても、『数学ガール／フェルマーの最終定理』の途中できちんと説明しています。そして、ここが大事なんですが、8ステップのうちの4番目「モジュラーではない半安定な楕円曲線が存在する・・」というのと6番目「モジュラーではない半安定な楕円曲線は存在しない・・・」の二つ。この二つをよく見ます。

　「存在する」と「存在しない」ですね。

　この4番目と6番目は、ほかの言葉はほとんど同じなのに「する」と「しない」だけが違う。「する」と「しない」の両方が導かれてしまった。これで矛盾が導かれたことが読者に明確にわかる。ここが重要です。ここをきちんと提示できれば、「半安定」や「楕円曲線」や「モジュラー」といった概念がまったくわからなくても、「あっ、これは矛盾してる！」と言えるわけです。

　文字列として表現されたパ・タ・ー・ン・を見るだけで、確かに矛盾していると納得できる。私はこの納得感をとても大切にしています。

　読者がたとえ数学の細かいところまでわからなくてもいい。「こっちは《存在する》でこっちは《存在しない》。これなら矛盾じゃん！背理法で証明できた！」と納得がいく。腑に落ちる。ここがすばらしい。

　この部分をつかむと、読者さんの納得感が違う。フェルマーの最終定理の証明の最も大きな論理構造はつかんだ感じがする。私はそう思うんです。（スライド表示）

1.5.4　楕円曲線と保型形式《旅の地図》

　次に、二つの世界が対応するという話をします。

フェルマーの最終定理の中には《楕円曲線》という世界と《保型形式》という別の世界がある。二つの世界があって、その世界が実はちゃんとつながってる。

　志村の定理と呼ばれているものですが、『数学ガール／フェルマーの最終定理』の中では、その定理については難しすぎて詳しい説明も証明もできません。でも、何とか読者さんには納得してもらいたい。

　そういうときには、どうするか。

　例を出すんです。（スライド表示）

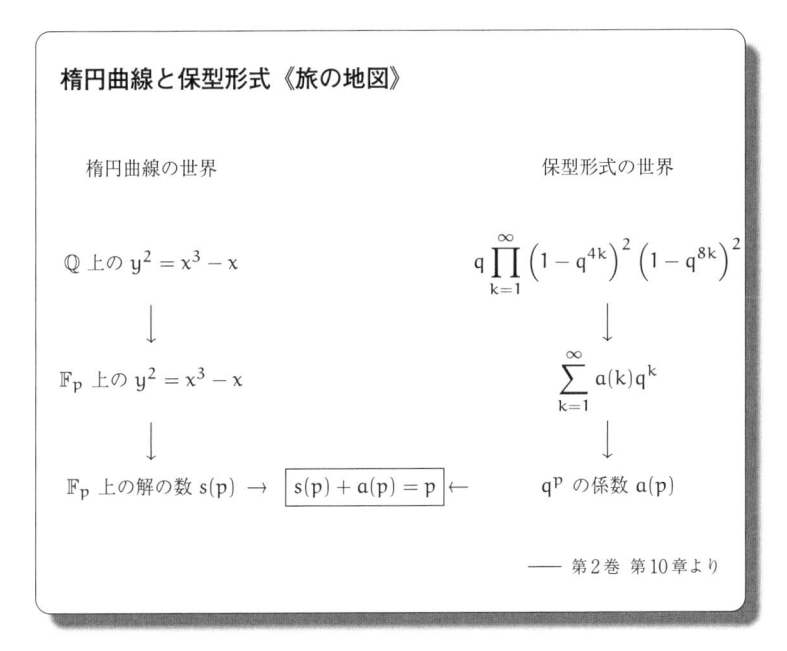

楕円曲線と保型形式《旅の地図》

　　楕円曲線の世界　　　　　　　　　　保型形式の世界

　　$\mathbb{Q}$ 上の $y^2 = x^3 - x$　　　　　　$q \displaystyle\prod_{k=1}^{\infty} \left(1-q^{4k}\right)^2 \left(1-q^{8k}\right)^2$

　　　　↓　　　　　　　　　　　　　　　　↓

　　$\mathbb{F}_p$ 上の $y^2 = x^3 - x$　　　　　　$\displaystyle\sum_{k=1}^{\infty} a(k) q^k$

　　　　↓　　　　　　　　　　　　　　　　↓

　　$\mathbb{F}_p$ 上の解の数 $s(p)$ → $\boxed{s(p) + a(p) = p}$ ← q^p の係数 $a(p)$

　　　　　　　　　　　　　　　　　　　—— 第2巻 第10章より

　具体的な例を出す。《楕円曲線》はたとえばこういうものですよー。《保型形式》はたとえばこういうものですよー。そして、具体的にこういうの（スライドを指す）を計算させるんですね。登場人物が実際に計算します。

その計算結果を見比べると、ある簡単な法則が成り立つことがわかります。登場人物にもすぐにわかる。読者にもわかる。そういう体験を読者にしてもらう。そうすると「あ、そうか！ 難しいけれど、何かつながっているね！」と感じてもらえる。
　『数学ガール／フェルマーの最終定理』はそのように書かれています。
　これで最終定理を使ってしまいました。次の大物はどうしましょうか……
　そうだ。
　ゲーデルの不完全性定理がある！
　これが 2009 年のこと。

1.6　ゲーデルの不完全性定理（2009年）

『**数学ガール／ゲーデルの不完全性定理**』は、数学基礎論や数理論理学と呼ばれる数学の分野を題材にしています。最後に登場するのはタイトルの通り「ゲーデルの不完全性定理」で、第 10 章ではこの定理の証明を読むことになります。（スライド表示）

『数学ガール／ゲーデルの不完全性定理』

- 「数学ガール」シリーズ、三冊目の書籍
- 「僕」、ミルカさん、テトラちゃん、ユーリ
- 数理論理学
- 論理クイズ、ペアノの公理、数学的帰納法
- 写像、極限、$0.999\cdots = 1$、$\epsilon\delta$ 論法
- 対角線論法、同値関係、ラジアン、$\sin$ と $\cos$
- ゲーデルの不完全性定理の証明

　あー、今度は女の子増えませんでした。（笑）

　最後の章に至るまでにはたくさんの準備をする必要がありますが、その中であまり専門的ではない話も紹介しています。たとえば、$0.999\cdots$ は 1 に等しいという話、極限の話、数学的帰納法、それから $\epsilon\delta$ 論法（イプシロン・デルタ）などなど……。この巻では多くの話を論理に絡めて扱います。

　そのような構成にしておき、「これって大学でやったよ」「高校のときに習ったなあ」「学生時代、ここがわかんなかったんだよ」と読者さんに思っていただこうと思いました。「ゲーデルの不完全性定理」だけでは難しい話になってしまうので、少しでも親しみが持てるようにしてあるんです。

　その例を一つ、お見せしますね。

1.6.1 サインカーブ

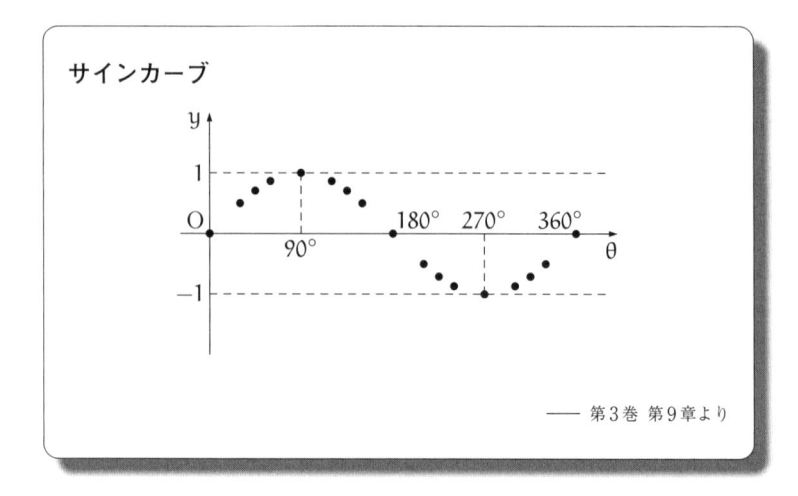

サインカーブ

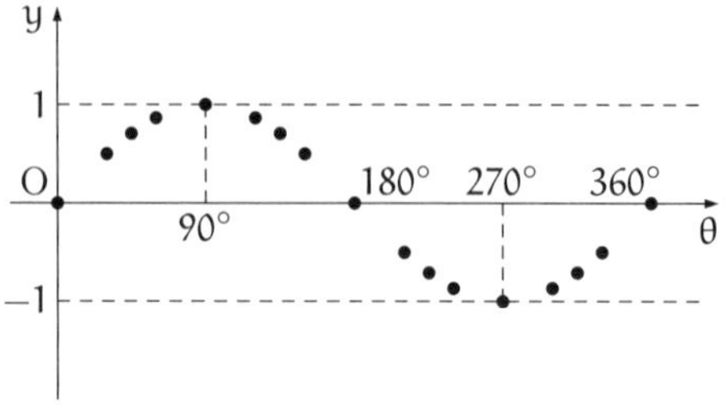

── 第3巻 第9章より

さて、この図は何でしょうか。

この図は、高校生の「僕」が中学生のユーリに三角関数を教えているときに描いた図です。

この図を見ると、少し三角関数をやったことのある人は「あ、サインカーブだ！」と思いますよね。でもよくよく見てみると、ここに出てきているのは曲線ではありません。ここに示されているのは単なる点の羅列です。

私はここで、何をいいたいのか。

こういう思わせぶりに点が描かれた図形を見ると、誰しもこの点を「結んでみたくなる」と思います。そうですよね。この点と点をぐうううううっと結んでサインカーブを描きたくなる。

サインカーブの話をするときに——まあそれに限らず、難しい話をするときにはいつもですが——私が大事だと思っているのは、そういう「やってみたくなる」という感覚です。

三角関数、ここでは sin という概念の図形的なイメージが頭に

入っていれば、有名な角度の sin の値は手計算で求めることができます。コンピュータや数表はいりません。

たとえば、$\sin 0° = 0$ で、$\sin 90° = 1$ はすぐにわかります。その他、$\sin 30°$ や $\sin 60°$ などもわかります。対称性を使えば他の値もすぐにわかります。

『数学ガール／ゲーデルの不完全性定理』の中では「僕」とユーリはいっしょになって sin の値を実際に計算し、グラフ用紙に点をプロットしていきました。グラフの上に点を一個一個乗せていくのです。ここに描いた点は全部、ほんとうに手計算で求められます。中学生でも教えればわかるくらいの難しさです。

このように点を並べてみせると、いかにも「ほらほら、この点を結んでごらん」と誘っているようですよね。そう思いませんか。もしも、先生がここで「じゃあここを結ぶよ」と言ったら、生徒はきっと「待って、待って。私に結ばせて」と言いたくなるでしょう。読者もそうです。自分で手を動かして結びたくなる。

私は、そういうふうに読者自身を「何かしたくなる」という状況にもっていく本が大好きです。先生は舞台を整えておもしろそうなものを提示する。でも必要以上には手を出さない。「さあ、好きにやってごらん」と言うだけ。私はそういう教え方が大好きです。まあ、学校でやるのはかなり難しいとは思いますけれど。

1.6.2 書いちゃだめですよ

『数学ガール／ゲーデルの不完全性定理』を書き始めるころの話をします。いろんな方から「ゲーデルの不完全性定理」は《鬼門》だよ、という話を聞きました。不完全性定理の話をするときには十分に注意しなければいけないという忠告が私のところにやってきます。

私は、とある数学者さんにメールを出してこんなことを尋ねました。「今度、ゲーデルの不完全性定理の話を書こうと思うのだけれど、その際に『この本』と『この本』を信頼するつもりですが、ど

う思いますか」と。信頼できる参考書を尋ねたわけですね。

　すると「そもそも、書いちゃだめですよ」という返事が来ました。（笑）　数学のしろうとはもちろんのこと、数学のプロでも専門外なら不完全性定理の話は簡単にまちがうのでやめておいたほうがいい……とそんなふうにアドバイスを受けたんです。

　そのアドバイスはさておき、書いてしまったんですけれど。（笑）その数学者さんは「それならばせめて」ということで、結城の書いた原稿をレビューしてくださり、いろいろな誤りを指摘してくださいました。ありがたいことです。

1.6.3　プログラムっぽい数式

　フェルマー巻のときには証明の概略を説明するだけでしたが、この巻では、文中でゲーデルの不完全性定理をちゃんと証明しました。

　ゲーデルの不完全性定理というのは非常に誤解されやすい定理です。定理の名前に「不完全」という言葉がついていたことがわざわいしたんだと思うんですが、「数学は不完全である」と誤解されたり、「理性の限界を証明した定理である」と誤解されたりしています。ひどいときには「この定理によって人生は不完全だと証明された」と誤解されたり。（笑）

　ゲーデルの不完全性定理は、ある性質を持った形式的体系に関する数学の定理なんです。でも誤解されることが多いし、比喩を使って説明するとまちがう可能性が高い。私は数理論理学の専門家ではないので、きっとまちがう。

　そこでどうしたか。

　ゲーデル自身の論文を使ったんです。

　ゲーデルの論文は、わかりやすいといえばわかりやすいものなので、最終章ではそのゲーデルの論文をなぞっていこうと考えました。

　もちろんまちがいは避けなければいけませんが、読んだ読者が「内容はよくわからなかったけれど、ゲーデルによる不完全性定理

の証明はここにあるんだな」と知ってもらいたかった。

　ゲーデルの論文の流れに従った説明を書けば、まちがいをする可能性は低くなります。ゲーデルの論文を読んで、それをそのままそこに書く。

　でも、論文を丸写しするのはつまらないとも思いました。

　私は自分が理解していないことを書くのが好きではありません。どんなレベルでもいいから、とにかくあるレベルで納得した内容を書かなければいけないと思っています。まあ、それは著者として当然ですよね。

　ゲーデルの論文の構成を利用することでまちがいの可能性は減らせる。でも、難しさは？　読者が読んだときの難しさはどうしたら減らせるだろうか。

　私はゲーデルの論文を読みながら、なぜこんなに読みにくいんだろうと考えました。

　ゲーデルの論文の難しさは、もちろん数学的な難しさもあるんですが、単純に「ドイツ語による略語」と「古風な数式」にも原因があると思いました。そこで私は第10章でゲーデルの論文を紹介するときに、現代風に変換することを試みました。（スライド表示）

> ### 不完全性定理の証明（最終段階）
>
> よって、背理法の仮定である E4 の否定が成り立つ。
> すなわち、次の E6 が成り立つことが証明された。
>
> ▶ E6: $\neg \text{IsProvable}(\text{not}(\text{forall}(\boxed{x_1}, r\langle \boxed{x_1} \rangle)))$
>
> #### 10.9.10 《桜》形式的体系 P が不完全であることの証明
>
> 《梅》で導いた D7 と、《桃》で導いた E6 から、次の F1 を得る。
>
> ▶ F1: g と not(g) のいずれにも形式的証明は存在しない
>
> F1 から、次の F2 を得る。
>
> ▶ F2: 形式的体系 P は不完全である
>
> はい、これで、ひと仕事おしまい。第一不完全性定理の証明だ。
>
> —— 第3巻 第10章より

　ゲーデルはゲーデル数を構築し、さまざまな述語や関数を自然数を使って記述していきます。それは視点を変えるとプログラミングととてもよく似ているのです。ですから私は、ゲーデルが書いた述語や関数をプログラミング言語風に記述してみようと思いました。特にプログラミング言語は規定しませんでしたが、Visual Basic にちょっと似ていますね。

　このスライドにはこんな式が出てきます。

▶ E6: $\neg \text{IsProvable}(\text{not}(\text{forall}(\boxed{x_1}, r\langle \boxed{x_1} \rangle)))$

　ここに出てくる IsProvable($\cdots$) なんて、かなりプログラムっぽいですよね。

　実際のところ、ゲーデルの証明というのはある意味でプログラムに近いのです。ですから、プログラムっぽく表現するのは的外れな

ことではない……と、そんなふうに思っています。

　このような書き直し作業はとても楽しかったですね。つまり、述語や関数の役割が自分でよくわかっていなければ、適切な名前を付けることができないからです。自分の理解をきちんと確かめる作業がそこにありました。

1.6.4　証明の旅の地図

　さて、次のスライドです。（スライド表示）ここに描かれているのは不完全性定理の証明の最終部分です。ここでゲーデルは微妙で複雑な論理的操作を行っています。えっと、複雑だと感じたのは私だけで、ゲーデルはそうは思ってなかったかもしれませんが……ともかく、論文の中でややこしいことをやっている。私はそれを読み解くのがとても大変でした。論理的な流れの全体像を見たいなあ……と思ったので、テトラちゃんにお願いして描いてもらいました。

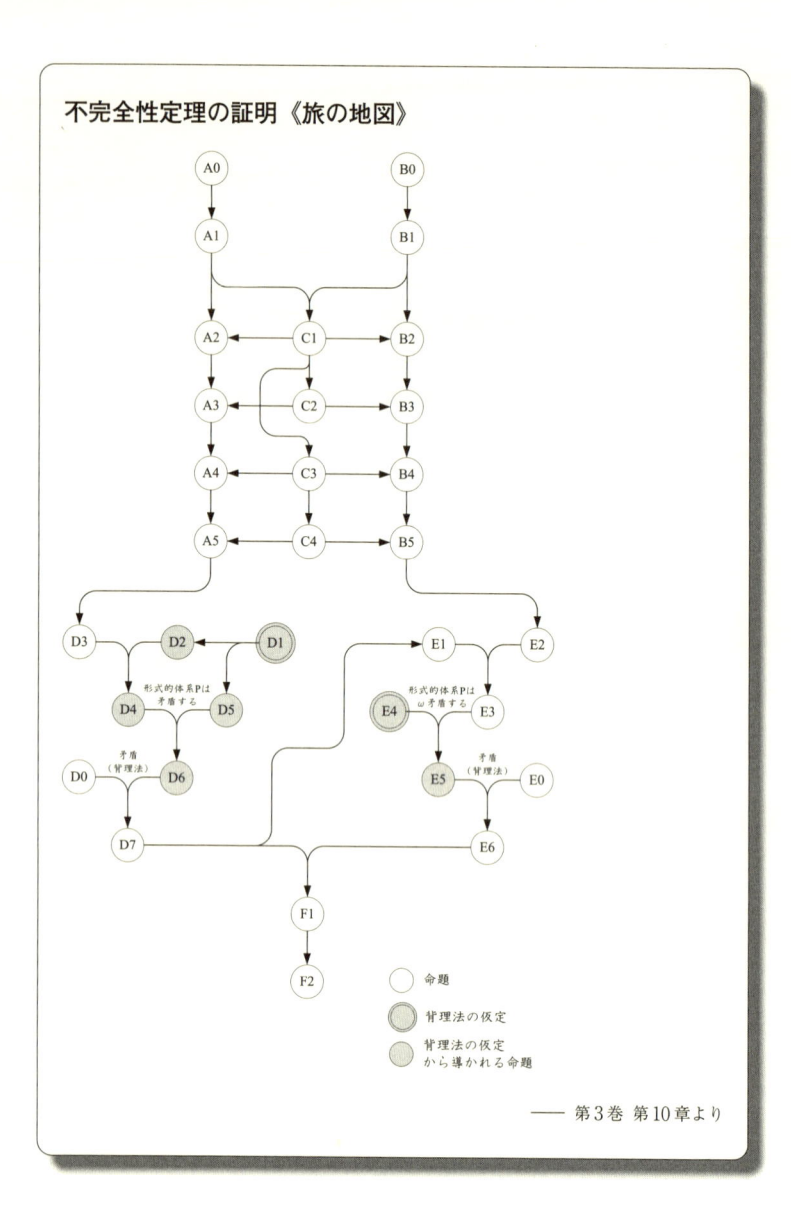

不完全性定理の証明《旅の地図》

—— 第3巻 第10章より

ゲーデルは論理式を変形してさまざまなことを導くのですが、その様子をテトラちゃんがこんな図にしてくれました。「数学ガール」の世界ではこういう図を《旅の地図》と呼んでいます。

　この図をよく見ると、綺麗な対称性があることがわかります。また、詳しくは説明しませんが、二種類の矛盾が出てくることもよくわかります。ゲーデルの論文では、このような美しい構造物を文章と論理式で表現しています。

　この図を見ると似たような推論の構造があって、片方は意味の世界で、片方は形式の世界でやっている。矛盾を出すときも、片方は矛盾で片方は ω 無矛盾で……のような話が図を使って説明できる。ここだよと指をさせる。なかなか愉快なことです。

　この本を書いていて、京大の**林晋**先生の『不完全性定理』（岩波文庫）にはたいへん助けられました。それはゲーデルの原論文を和訳した本ですが、私はその本を文字通りぼろぼろになるまで読み返しました。

　先日、関西に行く機会があったときに京都で林先生にお会いすることができました。「結城さんのような方に伝えておけば、多くの方に正しく伝えることができていいですね」とおほめに預かり、とてもうれしかったですね。

1.7　乱択アルゴリズム（2011年）

　執筆の都合上、2010年のあいだには新刊は出版されませんでした。2011年になって新刊が出ました。

　そして女の子は……増えました。　（爆笑）

　この巻で女の子は四人。扱っている題材は乱択アルゴリズムです。
（スライド表示）

ミルカさんは数学ができる娘、テトラちゃんは数学が苦手な娘、ユーリは中学生。そこに今度は**リサ**という新しいキャラクタが出てきます。リサはプログラミングガールで、コンピュータのことをお願いしました。

　乱択アルゴリズムというのはアルゴリズムの中で乱数を使用しているもので、確率が出てきます。この巻では「アルゴリズムの解析」と「確率論」がテーマなんです。

　アルゴリズムの解析というのは "analysis of algorithms" という分野で、これは**クヌース**先生が拓いた分野になりますね。このアルゴリズムはどのくらい速いですか、それはなぜですか、こちらのアルゴリズムよりもどれだけ速いですか、そういったことを研究するのがアルゴリズムの解析です。

　そのアルゴリズムの解析に確率論を混ぜる。それが今回の『**数学ガール／乱択アルゴリズム**』のテーマになります。

　アルゴリズムの解析の話が片方にあり、それから確率論の話がもう片方にあり、そして本の終わりではその二つの話が一つに収斂

していく……そういう形にしようと思いました。

『数学ガール／乱択アルゴリズム』で扱っているのは、このような話題です。（スライド表示）

> **『数学ガール／乱択アルゴリズム』**
> - 「数学ガール」シリーズ、四冊目の書籍
> - 「僕」、ミルカさん、テトラちゃん、ユーリ、**リサ**
> - アルゴリズムの解析と確率論
> - モンティ・ホールの問題、順列と組み合わせ
> - 確率の定義、標本空間、確率分布、確率変数
> - 期待値、O記法、行列
> - ランダムウォーク、3-SAT問題、$P \neq NP$

冒頭はとても易しい問題から始まります。モンティ・ホール問題というのは有名な確率の問題ですね。それから次第に難しくなって、確率の定義もやります。古典的な確率の定義、統計的な確率の定義、公理的な確率の定義。数学では公理的な確率の定義を使うんですが、高校までで習う古典的な確率の定義……場合の数の比ですね、それは公理的な確率の定義とどういう関係にあるんでしょうか。そんな話をします。

それからもちろん、標本空間、確率分布、確率変数、期待値、期待値の線型性、インディケータ確率変数などを一通りやって、それではそろそろ、と乱択アルゴリズムに向かいます。

この巻も、最終章では「いままで学んだことをすべて使う」という構成になっています。それで、ええと、私はこの巻を書くまでは「確率変数」っていう基本的な概念を理解していなかったんです。も

ちろん知ってはいました。でも、きちんとは理解していなかったんです。乱択アルゴリズムをやろうと思って、確率論をやろうとして、がんばって勉強して「なるほど、確率変数とはそういうものだったんですね」と納得しました。

1.7.1　1の個数

さて、「順列と組み合わせ」で出てくる「1の個数」という問題の話をしましょう。（スライド表示）

1の個数

```
                        11000   11100
                        10100   11010
                        10010   10110
                        10001   01110
                        01100   11001
                10000   01010   10101   11110
                01000   01001   10011   11101
                00100   00110   10011   11011
                00010   00101   01011   10111
        00000   00001   00011   00111   01111   11111

          0       1       2       3       4       5
          1       5      10      10       5       1
```

——第4巻　第3章より

これは、5ビットのすべてのビットパターンを考えて、各パターンに出てくる1の数を数えましょうという問題ですね。ヒストグラムを作ると、このスライドのようになりまして、0個のパターンは1個、1個のパターンは5個、2個のパターンは10個……とわかります。

このようなヒストグラムにすると、「これって何だか知ってる。二

項分布だ！」と見てとれるんです。

さらに、パターンの個数を見ていくと、1, 5, 10, 10, 5, 1 になっています。これは $(x+y)^5$ を展開するときに出てくる係数です。二項定理で出てくる数ですね。ここからもう一歩進めばパスカルの三角形に入っていきます。

この話の流れはよくあるものですが、実際に手を動かして、ビットパターンの数を数えるというのが大事。0 と 1 をこんなふうに書いて数えるとおもしろいですね、と実感してもらいたかったんです。

1.7.2 バブルソートのウォークスルー

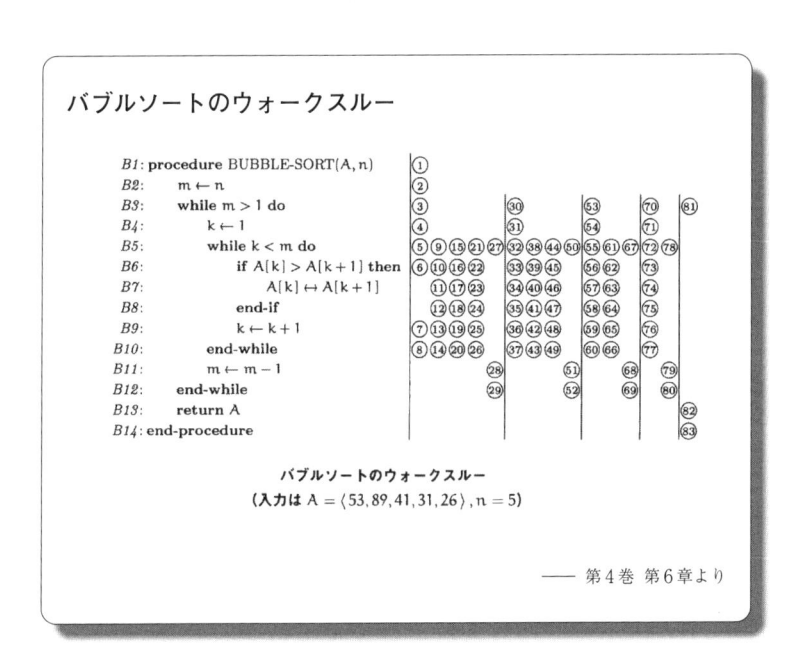

バブルソートのウォークスルー

```
B1: procedure BUBBLE-SORT(A, n)        ①
B2:     m ← n                          ②
B3:     while m > 1 do                 ③       ㉚      ㊼      ㊿      ⑳
B4:         k ← 1                      ④       ㉛      ㊽      ㊿
B5:         while k < m do             ⑤⑨⑮㉑㉗ ㉜㊳㊹㊿ ㊾㊱㊹㊿ ㊿㊹㉗㊽
B6:             if A[k] > A[k+1] then  ⑥⑩⑯㉒   ㉝㊴㊺   ㊾㊲   ㊷
B7:                 A[k] ↔ A[k+1]      ⑪⑰㉓    ㉞㊵㊻   ㊿㊳   ㊸
B8:             end-if                 ⑫⑱㉔    ㉟㊶㊼   ㊾㊴   ㊹
B9:             k ← k + 1              ⑦⑬⑲㉕  ㊱㊷㊽   ㊾㊵   ㊺
B10:        end-while                  ⑧⑭⑳㉖  ㊲㊸㊾   ㊿㊶   ㊻
B11:        m ← m - 1                           ㉘      ㊾      ㊽     ⑳
                                                ㉙      ㉝      ㊾
B12:    end-while                                                      ⑳
B13:    return A                                                       ⑳
B14: end-procedure                                                     ⑳
```

バブルソートのウォークスルー
（入力は $A = \langle 53, 89, 41, 31, 26 \rangle$, $n = 5$）

——— 第4巻 第6章より

さてアルゴリズムをどう説明するかです。

私は数学者ではなくプログラマですので、アルゴリズムを書くこ

とそのものはまったく苦にはなりません。ただ、アルゴリズムを読者さんが読みやすいように提示するにはどうしたらいいかは非常に悩みました。

　どういうことかというと……アルゴリズムの本を書く人が悩むのは「どんな言語を使ってアルゴリズムを表記するか」という点です。普通にプログラミング言語を使えばいいのに、なぜ言語に悩むのかというと、時代は変化していくからです。具体的なプログラミング言語は時代によって流行り廃りがあります。けれど、プログラミング言語よりもアルゴリズムのほうが抽象的であり、より長生きなのです。自分が書いた本がすぐに時代遅れになるのは悲しいですよね。なので、どういう言語を選ぶかは重要になります。

　クヌース先生もその点で悩んで……考えた結果どうしたかというと、クヌース先生は自分でコンピュータを設計し、アセンブリ言語を作り、それを使ってアルゴリズムを記述したのです。つまりある意味でゼロから作ったわけです。クヌース先生はたいへん凝り性で完璧主義なのでそこまでやるのですね。

　クヌース先生と比較するのは何ですが、私はコンピュータを設計するまではできませんでしたけれど、AlgolやPascalに似た言語を作って書くことにしました。本に書くだけであって実際に動かす必要はありませんから、書きやすさというよりも読みやすさを重視して作りました。いろいろ細かい工夫をしてあります。

　ええと、こういう細かい話は、私以外、ほとんどだれも気にしない話ですし、気にしなくても本を読む上で不都合はないのですが、こういう機会でもないとお話しすることはないでしょうから申しあげます。

　　（会場スタッフへ）
　えっと、この画面、ピント合ってますでしょうか……あ、はいはい、ありがとうございます。

たとえば、$B1, B2, B3$ という行番号ですが、この行番号を書いているフォントは、クヌース先生がアルゴリズムの本で使っているフォントと同じものを使っています。これはまあ趣味ですね。

```
B1:  procedure BUBBLE-SORT(A, n)         …
B2:      m ← n                            …
B3:      while m > 1 do                   …
B4:          k ← 1                        …
B5:          while k < m do               …
B6:              if A[k] > A[k + 1] then  …
B7:                  A[k] ↔ A[k + 1]      …
B8:              end-if                   …
B9:              k ← k + 1                …
B10:         end-while                    …
B11:         m ← m - 1                    …
B12:     end-while                        …
B13:     return A                         …
B14: end-procedure
```

それからたとえば、ここの $B3$ には while m > 1 do という行があって、こちらの $B12$ には、それに対応する end-while があります。他のプログラミング言語、たとえば Ruby などでは end で終わりますが、私は end-while としました。このようにすると、この部分だけを見て「これは while の終わりなんだな」と読者は理解できるわけです。書くことを考えたら、こんな文法にしたら面倒でメンテナンス性が悪くなるんですが、読むだけならこのほうが親切だと考えました。

while に対して end-while で、if に対して end-if で、procedure に対して end-procedure ですね。

それから、「数学ガール」はいちおう数学の本ですので、できるだけ数式を生かした表現になるようにしています。たとえばイコール（=）は代入演算子としては使わず、条件式の中の等値演算子として使っています。代入はイコールではなく矢印（←）を使っています。

$$k \leftarrow k+1$$

のような書き方ですね。

(会場スタッフへ)

すみません、もっとピントを合わせてください。(会場から「美しい」の声) あ、合いました。ありがとうございます。

こういったアルゴリズムの記述方法は、クヌース先生の本をお手本にしてスタイルを真似しました。でも、中身はアセンブラにはしませんでした。

ところで、右側には、①,②,③のようにたくさんの丸付き数字があります。こちらの表記方法は、私がオリジナルで考えたものです。

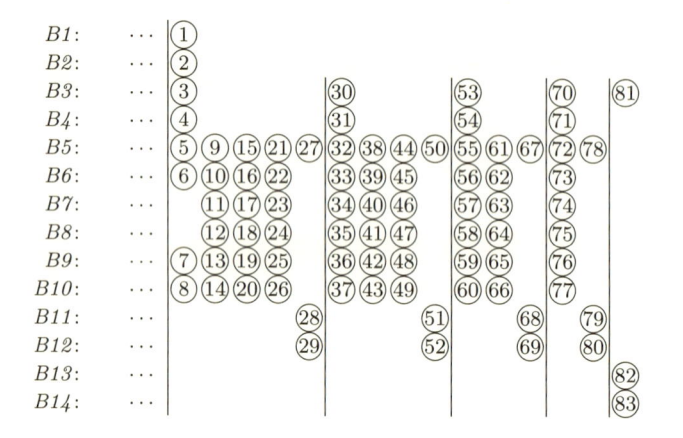

```
B1:   ... ①
B2:   ... ②
B3:   ... ③                  ㉚              ㊳              ⑦⓪          ㊶
B4:   ... ④                  ㉛              ㊴              ⑦①
B5:   ... ⑤ ⑨ ⑮ ㉑ ㉗      ㉜ ㊳ ㊹ ㊿      ㊺ ㊱ ㊷      ⑦② ⑦⑧
B6:   ... ⑥ ⑩ ⑯ ㉒          ㉝ ㊴ ㊺          ㊻ ㊲          ⑦③
B7:   ... ⑪ ⑰ ㉓              ㉞ ㊵ ㊻          ㊼ ㊳          ⑦④
B8:   ... ⑫ ⑱ ㉔              ㉟ ㊶ ㊼          ㊽ ㊴          ⑦⑤
B9:   ... ⑦ ⑬ ⑲ ㉕          ㊱ ㊷ ㊽          ㊾ ㊵          ⑦⑥
B10:  ... ⑧ ⑭ ⑳ ㉖          ㊲ ㊸ ㊾          ㊀ ㊏          ⑦⑦
B11:  ...                        ㉘              ㊿              ㊈          ⑦⑨
B12:  ...                        ㉙              ㊂              ㊉          ⑧⓪
B13:  ...                                                                              ⑧②
B14:  ...                                                                              ⑧③
```

これは何を表しているかというと、コードのウォークスルーですね。プログラムやアルゴリズムを読むときに重要なのは、一歩一歩のステップ実行です。一つ一つの手順を追っていき、何が起きているかを考えることが大事なのです。でも、本の中でそのような動的な動きを見せることは難しいので、ここに書いたように一歩一歩に

番号を振って見せているのですね。

　ええと……はい、このアルゴリズムに $A = \langle 53, 89, 41, 31, 26 \rangle$, $n = 5$ という入力を与えると①から⑧③までの83ステップで終わることになります。

　たとえば、$B6$ の条件が⑥で満たされないと、条件分岐で $B9$ にジャンプします。この⑦がジャンプ先を表しています。そのように一歩一歩動く様子が、このような数字の表になっているのです。

　このアルゴリズムの記述も、丸付き数字も、すべて LaTeX で書きました。けっこうきれいですよね。

　では、どうやってこんなにたくさんの数字をきれいに配置するのか、どんなツールを使うのか……ここには秘密があってですね……（声をひそめて）実は、一つ一つ手で書いたんです。（笑）　うーん。美しい。（笑）

　まじめな話、この83個の数字は自分が手でぱたぱたと入力しました。まあ手間は掛かりますけれど、実は書いているうちにいろいろ——リサちゃんやテトラちゃんやミルカさんがおもしろいことを発見してくれました。

　たとえば、この $B5$ を横に見ていきましょう。最初の区間に数字が5個並んでいますよね。

$$⑤ \ ⑨ \ ⑮ \ ㉑ \ ㉗$$

でも次の区間では数字は4個になっています。

$$㉜ \ ㊳ \ ㊹ \ ㊿$$

次は3個。

$$㊿ \ ㊱ \ ㊿$$

そして2個。

(72) (78)

5, 4, 3, 2 個とだんだん減っています。これは発見です！

⑤⑨⑮㉑㉗ | ㉜㊳㊹㊿ | (55)(61)(67) | (72)(78)

アルゴリズムの意味がまったくわからなくても、並んでいる数字をじっと見て、観察力があれば、「だんだん減ってる」と気づくことができます。「ここには、何かあるかも！」と思えるわけですね。もちろん、アルゴリズム的にもちゃんと意味があります。

あと、*B7* と *B8* を横に見ていくと、ほとんどの箇所に数字がびっしりつまっているのに、なぜか⑥と⑦の間だけがポンと抜けています。ここも気になりますね。実はこれにも意味があります。アルゴリズムの意味というより、これは入力として与えられたデータが持っている性質を反映しています。データの順序が逆転しているかどうかによるんです。

まあともかく、このような数字のパターンを見るだけで「ここには何かあるんじゃない？」と思えます。

このようなアルゴリズムの記述を読んだり、ウォークスルーをやりながら、「僕」やミルカさん、テトラちゃんが「アルゴリズムの解析」を行うわけですね。このウォークスルーは白眉ですので、ぜひ『数学ガール／乱択アルゴリズム』をご覧ください……と宣伝しておきます。（笑）

自分で発見した謎は、自分で解きたくなります。「⑥と⑦の間が空いているのはなぜか？」という謎を解決するなら、読者はアルゴリズムが書かれた擬似コードを主体的に読み始めます。あるいは与えられたデータを調べ始めます。

発見があるとおもしろい。その発見から生まれた疑問や謎を解決できたらもっとおもしろい。もっと、もっと見つけたい。どんどんアルゴリズムに入り込む。夢中になる。こんなにわくわくする物語はありません。読者が自分で作り出していく物語です。

「数学ガール」シリーズはそのような物語を読者さんが作り出すお手伝いをしているようなものです。ウォークスルーのように具体的でベタな例を入れるのは私大好きですね。根気が必要な部分は、私の中のテトラちゃんが担当しています。具体的にするためには、準備と構成がとても大変なんですけどね、はい。

1.8　ガロア理論（2012年）

　そして今年。2012 年は『**数学ガール／ガロア理論**』を出版します。
　物語は夏のシーンになりますので、この表紙にあるように、数学ガールたちに浴衣を着てもらいました。女の子は増えず、四人のままですね。
　ちなみに、わが家の長男はいま高校生です。私が「新しい本の表紙ができたよ」と彼に言ったら、彼は「どんな表紙？」と聞き返してくる。そこで私が「夏だから女の子はみんな浴衣なんだよ」って

言ったら、「わかってるねえ、おとうさん！」ということで、長男は親指をグッ！と出す。（笑）

ということで、男の子はみなさん浴衣に弱いんです。（笑）

さて、ガロア理論。

フェルマーの最終定理、ゲーデルの不完全性定理と並んで、数学に興味のある人はよく名前を知っている——でもよくわからないガロア理論です。

例によって、私はこの本を書き始めるまでにガロア理論をよく知りませんでした。あ、とはいっても理系としての常識程度は知っていまして、たとえば「5次方程式は解の公式を持たない」や「ガロアは決闘で死んだ」ということは知っている。

ガロアと同時代の**アーベル**も若くして死にました。そういうことは知っている。でも「じゃ、ガロア理論ってどんなものか説明して」と言われても、説明できない。

それでは本が書けませんので、一年くらい勉強して理解して本を書いたことになります。（スライド表示）

『数学ガール／ガロア理論』

- 「数学ガール」シリーズ、五冊目の書籍
- 「僕」、ミルカさん、テトラちゃん、ユーリ、リサ
- 群と体
- あみだくじ、解の公式、角の3等分問題
- 剰余類、剰余群、拡大体
- 群指数、拡大次数、正規部分群、正規拡大
- 可解群、ガロア対応

では「数学ガール」シリーズの第5巻目となるこの本はどんなお

話かというと、群と体の話になります。

　方程式論は結局は体の理論になるんですが、ガロアは体と群についての先駆的な仕事をして、しかもその二つの世界に対応がつくことを示してくれた。

　群や体が出てきますので、「数学ガール」シリーズの第 2 巻目……フェルマーの巻と呼応する部分があります。

　いつものように最終章の「ガロア理論」が一番難しいんですが、道中ずっと親しみを持ちつつ読んでいけるように「あみだくじ」を題材に使いました。まだ本が出ていませんので[*1]、あまりネタバレするのもどうかと思うのですが、ネタバレすると（笑）、冒頭で出てくる「あみだくじ」の例が最後の章までずっと説明に使われていくんです。

　この本で扱うのは、ガロア理論に関連するものとして「解の公式」「角の三等分問題」など。それからこのスライドに書かれているような、代数学で学ぶ基本的なものになります。

　正規部分群が何なのかを理解しないうちにガロア理論を書き始めたのはかなり無謀なんですが、でも、まあ結果オーライということにさせてください。

　あまり詳しくはお話ししませんが、簡単に 3 次方程式の解の公式について。3 次方程式の解の公式という話題は、ガロア理論の題材としてよく出てきます。

　といっても、3 次方程式の解の公式そのものは、ガロア以前に発見されています。また、**ラグランジュ**という数学者がいまして、先人に学ぼうということで方程式の解法について研究しました。2 次方程式、3 次方程式、4 次方程式の解法です。もちろん目的は、当時まだ見つかっていなかった 5 次方程式の解法。それが、過去の解法の延長で見つかるんじゃないかと思ったのですね。

[*1] 出版は 2012 年の 5 月末、本講演は 2012 年 5 月 9 日。

これはたいへん正しい態度です……って上から目線でしゃべっちゃだめですね。結果的に、ガロアはラグランジュの研究を生かして自分の理論を作ることができました。5次方程式に解の公式が存在しないことはガロアよりも前にアーベルが証明していましたが、ガロアはそのはるかに上をいくことをやりました。

1.8.1　3次方程式の解の公式

　では、ガロア理論の視点から3次方程式の解の公式を考えましょう。

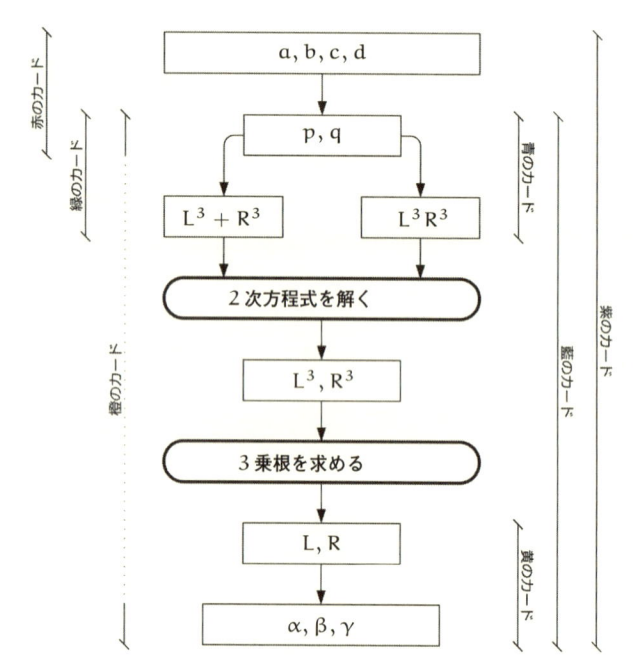

```
            ┌─────────────┐
            │  a, b, c, d │
            └──────┬──────┘
                   ↓
            ┌─────────────┐
         ┌──│    p, q     │──┐
         │  └─────────────┘  │
         ↓                   ↓
   ┌──────────┐        ┌──────────┐
   │ L³ + R³  │        │  L³ R³   │
   └─────┬────┘        └─────┬────┘
         └─────────┬─────────┘
                   ↓
         ╭─────────────────╮
         │  2次方程式を解く  │
         ╰────────┬────────╯
                  ↓
            ┌──────────┐
            │  L³, R³  │
            └─────┬────┘
                  ↓
         ╭─────────────────╮
         │   3乗根を求める   │
         ╰────────┬────────╯
                  ↓
            ┌──────────┐
            │   L, R   │
            └─────┬────┘
                  ↓
            ┌──────────┐
            │  α, β, γ │
            └──────────┘
```

（右側注釈: 赤のカーブ／緑線のカーブ／橙のカーブ／青のカーブ／紫のカーブ／藍のカーブ／黄のカーブ）

《3次方程式の解の公式》を求める旅の地図

これは《3次方程式の解の公式》を求める旅の地図で、こういう図を描くのはテトラちゃんですね。

実は、3次方程式の解の公式というのは、ガロアは直接的には関係ありません。ガロア以前の数学者、ラグランジュが整理したところです。3次方程式の解の公式はラグランジュ以前に発見されていたのですが、ラグランジュは後世の数学者のために整理してくれたのですね。

簡単にこの図を説明しますと、この上のほうに書いてある a, b, c, d は3次方程式の係数です。下のほうに書いてある α, β, γ は3次方程式の解です。係数から出発していろんな計算をして解を求める、これが「方程式を解く」ということです。使うことができる計算にはルールがあるんですが、具体的には大変複雑な計算をすることになります。式の変形もたくさんやります。3次方程式の解の公式はとうてい暗記できないくらい複雑です。

ただし。

ただし、解を導く途中で二つ、重要なステップがあります。

一つは「2次方程式を解く」ところ。もう一つは「3乗根を求める」ところです。この二つが非常に重要になってくる。

2と3です。

この《3次方程式の解の公式を求める旅》の途中で、L^3 と R^3 の足し算と掛け算が出てきます。$L^3 + R^3$（和）と $L^3 R^3$（積）が与えられて、L^3 と R^3 を求めるというのは「2次方程式を解く」ことです。これは高校数学でなじみがある「解と係数の関係」になります。

方程式を解くというのは「体」という数学的概念に関わりが深いことです。

1.8.2 対称群 S_3 の分解

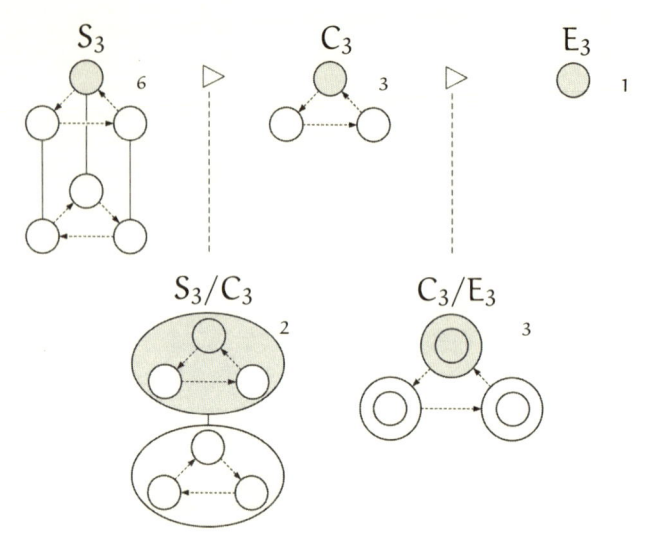

対称群 S_3 の分解（$S_3 \triangleright C_3 \triangleright E_3$）

それに対して、今度は「群」の話です。

『数学ガール／ガロア理論』ではあみだくじを例にとって、いろいろと群の話をしました。ここに描いた図は「ケイリーグラフ」というもので、群を図式的に表しているものです。ここに6個の要素があって、その集まりが群になっています。

ミルカさんが第2巻で「かくのごとき集合を群と呼べ」と宣言した「群」ですね。この6個の要素が集まった集合がここでは群 S_3 になっているのです。

こちらには、巡回群 C_3 で3個の要素がくるくる回る群があり、そして右には、単位元という1個の要素だけの群 E_3 もあります。

要素の数は6個と、3個と、1個ですね。

下のほうに書いたのは「剰余群」と呼ばれる群です。これは上の二つの群 S_3 と C_3 から作ったものなんですが、図をよく見るとまとまりが見つかります。6個の要素からなる群を、3個の要素でまとまりを作ります。そうすると、2個の大きなまとまりからなる群ができます（S_3/C_3）。こういう集合の集合みたいなものを、ただの集合に戻すというのが集合の割り算で、それが剰余類。剰余類を群にしたものが剰余群です（剰余類を作った後、剰余群になるためには、正規部分群で割らなくてはいけないんですが、いまは厳密な話は置いておきましょう）。

　右下の C_3/E_3 というのも同じように剰余群です。これは C_3 の中に E_3 が3個集まっている形になります。

　上の系列の要素数は、6個、3個、1個です。この 6, 3, 1 という数列を順次割り算すると、ちょうど下の剰余群の要素数になります。つまり、$6 \div 3 = 2$ と $3 \div 1 = 3$ で、下の剰余群は2個、3個という要素数であることがわかります。

　そう、ここにも2と3が出てきました。

　先ほど、3次方程式を解くときの大事な二つのステップとして、「2次方程式を解く」ことと「3乗根を求める」ことがあるとお話ししました。

　2と3です。

　この二つの対応関係を表現しているのが、《体の塔》と《群の塔》になります。

1.8.3 《体の塔》と《群の塔》

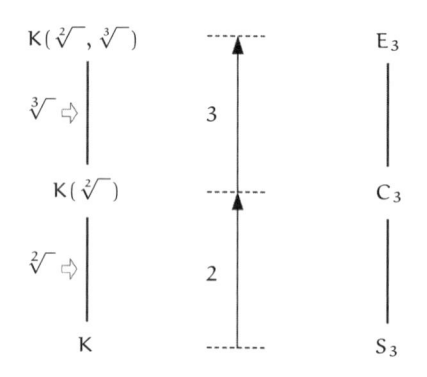

$$K(\sqrt[2]{\ }, \sqrt[3]{\ }) \quad\quad\quad E_3$$

$$\sqrt[3]{\ } \Rightarrow \quad\quad 3$$

$$K(\sqrt[2]{\ }) \quad\quad\quad C_3$$

$$\sqrt[2]{\ } \Rightarrow \quad\quad 2$$

$$K \quad\quad\quad\quad S_3$$

一般 3 次方程式の《体の塔》と《群の塔》

　左に立っているのが《体の塔》で、係数体に 2 乗根を加え、3 乗根を加えると方程式が解ける。この n 乗根を加える操作を一般には「体の拡大」といいます。

　右に立っているのが《群の塔》です。6 個あった要素を 2 で割って 3 個になり、3 個あった要素を 3 で割って 1 個になる。2 で割って、3 で割る。2 と 3 ですね。

　《体の塔》と《群の塔》にこのような対応関係がある、というのがガロア対応の一番基本的なところです。体の塔は、方程式を解くときに登場しました。群の塔は、あみだくじで遊んでいるときに登場しました。そのような二つの世界がきちんと対応するというのが**ガロア対応**の基本になります。

　無関係に見える二つの世界に対応関係があるというのは、美しくてぞくぞくします。そして——そのような「ぞくぞく」を読者さんにできるだけ伝えたいと思いました。

　『数学ガール／ガロア理論』の中では、2 次方程式、3 次方程式、

4次方程式について、このガロア対応の図を作ってみました。

ガロア対応そのものをガロアが知っていたかというのは微妙な問題らしいです。ガロア自体は明示的にガロア対応を書いてはいませんが、あと一歩で行けただろうという先生もいらっしゃいます。まあともかく、簡単にガロア対応を説明しました。

方程式を解くというのは、多項式を1次式に因数分解することなので、《体の世界》の話です。でも、体っていうのは扱いが難しい。こっちのあみだくじの話——つまり《群の世界》の話にしてしまえば、比較的扱いやすい。**難しい問題を別世界に移して解けばいい。**これは数学でよく出てくるやり方ですね。

『数学ガール／ガロア理論』では、「体」の話と「群」の話が、最初はべつべつの章でスタートします。でも話が進むうちに、両者がふっとクロスするんです。それはちょうどガロア対応の美しさを物語として伝えようとする試みでもあります。

『数学ガール／ガロア理論』には数式もたくさん出てくるのですが、いまお見せしたような図もたくさん使っています。そして、読者さんに「ははあ、確かに何だか対応関係が見えそうだ……」と感じていただけたらなあと願っています。

さあ、「数学ガール」シリーズの第1巻から第5巻までをご紹介しました。

続けて、このシリーズが電子書籍・コミックス・翻訳に展開されていったお話をしましょう。

1.9　コミック版『数学ガール』

「数学ガール」シリーズはコミック版も刊行されています。（スライド表示）

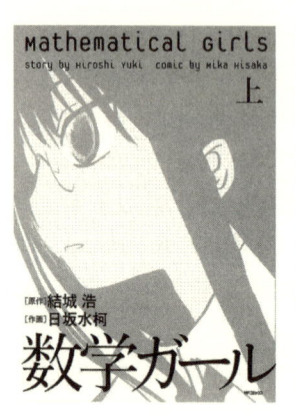

　コミック版を刊行してくださったのは、メディアファクトリーという出版社さんで、**日坂水柯**(ひさかみか)さんという漫画家さんが第一弾を担ってくださいました。

　数学が満載の物語をコミカライズするのはとても大変だったと思いますが、『数学ガール』が出てすぐに雑誌連載が始まり、コミックスになりました。

　どのような内容を扱っているか、少しお話しします。（スライド表示）

> コミック版（1）（オイラー）
>
> - 第 1 巻のコミカライズ
>   ○ 言葉を大事にする数学
>   ○ 母関数の定義

　コミック版（1）は第 1 巻をコミカライズしたものではありますが、分量的にすべての内容をコミックに収めるのは難しかったので、第 1 巻の前半分くらいまでをカバーしています。最後の大きな問題が「フィボナッチ数列の一般項を求める」になります。

1.9.1　言葉を大事にする数学

　このシーンでは高校二年生の「僕」と後輩の高校一年生のテト

ラちゃんが会話をしています。「僕」がテトラちゃんに対して話します。

　　数学はね
　　言葉を
　　大事にするんだ

　　できるだけ誤解が
　　生じないようにするために
　　数学は言葉を厳密に使う

　　そして──

　　厳密な言葉の
　　最たるものが数式だ

　この場面は「数学は言葉を大事にするんだよ」という話ですね。「僕」がテトラちゃんに「数学は言葉を大事にする」と教えて、さらに「言葉の最たるものが数式なんだよ」と続ける。それを聞いたテトラちゃんはぽーっとなるんです。
　まあ、現実ではこんなふうにうまくいくかというと……うーん。
　読者さんから、よく「結城先生！　僕、男子校に行ったの失敗でした！」というメールをいただくんです。その気持ちはよくわかります。でも、私は高校時代は共学だったんですが、共学でもこんなことないですよう……ファンタジーはいいものですね！　　（笑）
　「僕」は「数学は言葉を大事にするんだよ」と語り、テトラちゃんはそれに耳を傾けます。そして、二人の**数学対話**を聞く読者も「数学は言葉を大事にする」というメッセージに耳を傾けることになります。
　でも、このような「メッセージ」だけが書かれているわけではな

054　第1章　講演「数学ガールの誕生」

く、母関数という難しい話も書かれています。

1.9.2 母関数の定義

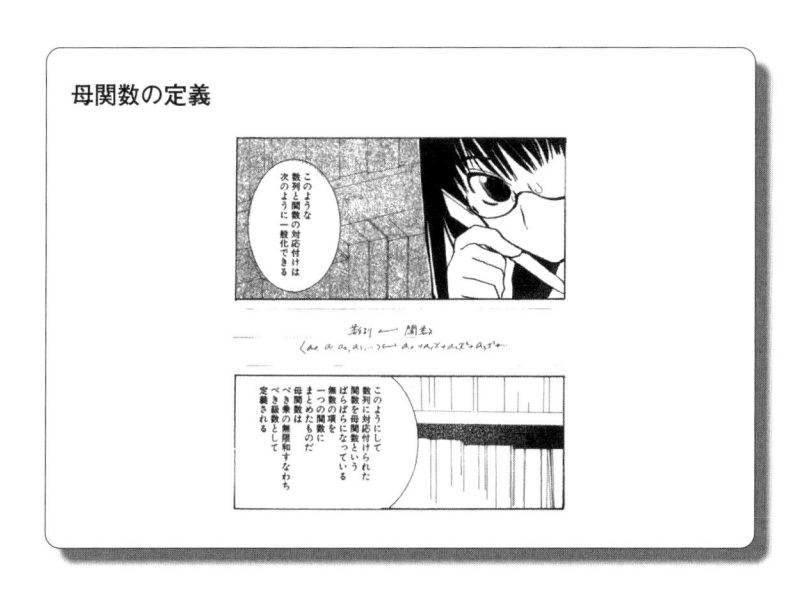

> **母関数の定義**
>
> このような数列と関数の対応付けは次のように一般化できる
>
> 数列 ←→ 関数
> $\langle a_0, a_1, a_2, \ldots \rangle \longleftrightarrow a_0 + a_1 x + a_2 x^2 + a_3 x^3 + \cdots$
>
> このようにして数列に対応付けられた関数を母関数という。ばらばらになっている無限の項を一つの関数にまとめたものだ母関数はべき級数すなわち無限和として定義される

こんなふうにミルカさんが母関数について語るシーンがあります。無限に続く数列を、一つの関数——形式的冪級数にまとめたものが母関数です。無限に続く数列は、たとえば次のように書けます。

$$\langle a_0, a_1, a_2, a_3, \ldots \rangle$$

この $a_0, a_1, a_2, a_3, \ldots$ を係数に持たせた形式的冪級数を考えるのですね。

$$a_0 x^0 + a_1 x^1 + a_2 x^2 + a_3 x^3 + \cdots$$

このシーンでは、ミルカさんが数式を使って母関数について説明します。

数列 ↔ 関数

$$\langle a_0, a_1, a_2, a_3, \ldots \rangle \leftrightarrow a_0 + a_1 x + a_2 x^2 + a_3 x^3 + \cdots$$

　こんなふうに母関数——生成関数と呼ばれることもあります——の話がコミックとして表現されたのは、おそらく史上初じゃないかと思うんですが、どうでしょうね。

　このコミックでは、手書き職人さんが数式を手書きしてくださいました。登場するキャラクタ三人の性格が垣間見れるように筆跡が書き分けられています。

1.10　コミック版『フェルマーの最終定理』

　「数学ガール」シリーズの第2巻はフェルマーの最終定理です。こちらもメディアファクトリーさんからコミック版が出ています。春日旬（かすがしゅん）さんという漫画家さんですね。見ていきましょう。内容を

ピックアップして三つほど紹介します。（スライド表示）

コミック版（2）（フェルマー）

- 第2巻のコミカライズ
  - 何かおもしろいこと
  - 何を言っても大丈夫
  - どうなるんですか？

1.10.1 何かおもしろいこと

まずは「何かおもしろいこと」というお話。（スライド表示）

何かおもしろいこと

（マンガ：$B^2 = AC$ が成り立つとき／…自然数 A、B、C があって A と C が互いに素で／何かおもしろいことはないか）

第2巻はフェルマーの最終定理がテーマですが、それに絡めて整

数の問題に取り組みます。

このシーンでは「僕」が夜中に自分の勉強部屋で問題に取り組んでいます。

ふつう私たちが「数学の問題を解く」というときには、解くべき問題を与えられて解きますよね。「以下の問題を解け」みたいに。最も典型的なものは試験問題です。試験では、時間内に与えられた問題の解答を見つけ出さなければなりません。先生はその問題に対する「正解」を持っていて、その正解と一致すればマルをつけます。

でも、このシーンで「僕」が取り組んでいる問題はちょっと違います。解くべき問題が直接与えられているわけではありません。

　　…自然数 A, B, C があって、A と C が互いに素で
　　$B^2 = AC$ が成り立つとき
　　何かおもしろいことはないか

……とこんなふうに「僕」は考えます。「何かおもしろいこと」を探しています。それは普通の問題を解くときの発想とはずいぶん違いますね。

ここで「僕」がやっていることは、数学的な内容としてはそれほど難しい話ではありません。ちょっとしたこと、初歩的なことです。数学的な内容は初歩的ですけれど、問題に取り組む数学的な態度としては数学者の態度に非常に近いと思います。

「何かおもしろいこと」はないか。「何かおもしろいこと」がここまでわかってきたことから導けないか。と、そういう態度です。問題を解くというよりも問題を探す態度かもしれませんね。

そして、そこには正解も誤りもありません。何を「おもしろい」といえば正解か——そんなことは決まっていません。どんなに小さなことでもいい、隠れている「何かおもしろいこと」を見つければいいのですから。こういう態度は発見的で良いですよね。何を答えても×はつかない。自由に考えていい。

058　第1章　講演「数学ガールの誕生」

……このシーンは物語にも出てくるのですが、コミックになるといっそうわかりやすいですね。一人で夜中の勉強部屋で考えているシーンが描かれ、様子がはっきりとわかります。

1.10.2　何を言っても大丈夫

　さて、次のシーンです。これもコミック版（2）です。
　「僕」とユーリが自転車に乗っているシーン。あー、えーと。自転車二人乗りは、やっちゃいけないんですが。（笑）
　ユーリは、従兄弟の《お兄ちゃん》である「僕」に対して、「どうして《お兄ちゃん》に習いたいか」を説明しています。

　　…あのね　お兄ちゃんに習いたいって思うのは
　　お兄ちゃんと話していると
　　何を言っても大丈夫って気持ちになるからなんだよ

学校の先生は授業で「みなさん、わかりましたか」と聞きますよね。言葉の上ではみんなの理解を確かめているようだけれど、子供たちは「先生は思いっきり先に進みたがっている」のを感じ取ります。早くこの授業を終わりにして先に行きたいという先生の気持ちが出ちゃうんですね。そんな空気の中で、生徒は「先生、わかりません」とはなかなか言えないでしょう。ユーリはそのことを話すんです。

　でも、お兄ちゃんは違う。お兄ちゃんになら「わからない」と言っても大丈夫。一回「わかった」と言った後、「やっぱりわからなくなった」と言っても大丈夫。お兄ちゃんは絶対に怒らない。お兄ちゃんは最後までていねいに教えてくれる。それがとても大事なんだよ、とユーリは自転車に乗って話すわけです。

　実は原作ではこの会話は部屋の中で行われていました。でもコミックにする際に、春日先生はこれを自転車のシーンにしてくださいました。その変更で、ちょっぴり甘酸っぱい素敵なシーンになりましたね。

　このコミックを読んだある先生から「ここは泣けました。痛いところを突かれました」という感想をお聞きしました。先生が生徒の「わかんない」に十分つきあうことは難しいですからね。

　もちろん、先生というお仕事は時間的な制約などが大きいと思います。でも習う側からしてみれば、安心して「わかりません」と先生に言える状況は大事じゃないかなあと思います。「わかったと思ったんですが、やっぱりまだわかっていません」と言いたくなるときだってありますよね。

1.10.3 どうなるんですか？

さて、今度は高校生の数学ガールたち、ミルカさんとテトラちゃんのやりとりです。ミルカさんがテトラちゃんに数学の説明をしているところになります。ここでは「教える」と「学ぶ」ということが背後のテーマになっています。

ミルカさんはガウスの整数と呼ばれる数を導入して、《素数を積に分解する》という数学的な内容を黒板で説明しています。でも、単純に説明するのではありません。黒板に $2, 3, 4, 5, \ldots$ と数字を並べていき、「この数は分解できる」「この数は分解できない」と分類をしていくんです。そして、分解できない数には○印をつけていく。

そうすると、このシーンにあるように、何かしら規則性が見えてくる。ミルカさんの板書はこのようになっています。

```
                    2   ③
        4    5     6   ⑦
        8    9    10   ⑪
       12   13    14   15
       16   17    …
```

　こんなふうに途中で止められると続きが気になりますよね。「分解できない数は 3, 7, 11, . . .」と言葉で説明されるだけではなく、板書によって目の前に見せられるとどきどきしてきます。15 だけ○がついていませんが、15 は素数じゃない。とすると……？　この先がすごく気になります。このままパターンが続くのか、それとも崩れるのか。

　テトラちゃんはここで文字通り目をキラキラさせて「この先ってどうなるんですか!?」と聞きます。そして読者さんたちも同じように「この先、どうなるんだろう」と思うでしょう。

　先ほどサインカーブのところで（p.26）お話ししたように、パターンが見えてくると「自分が発見した」感覚を味わいます。そして、それがほんとうかどうかを確かめたくなる。

　そこまでくれば「勉強しなさい」と言う必要はありません。どんどん自分で進みたくなる。読み進めたくなる。もっと調べたくなる。「この先、どうなるんだろう」という気持ち——それは、学ぶ態度として最高でしょう。そんな気持ちに導いてあげることができるなら、すばらしい教師でしょう。

　それはそうですよね。何かが姿を見せ始めている。自分にもその先を続けられそうだ……やってみたい！　これは、モチベーションが自然にアップする方法といえるでしょう。自分が見つけたいという気持ち。先生もうやめてくれ。その先はオレにやらせてくれ！という気持ちです。

1.11　コミック版『ゲーデルの不完全性定理』

さてこちらは「数学ガール」シリーズの第3巻、ゲーデルの不完全性定理です。この巻もメディアファクトリーさんからの刊行です。漫画家さんは茉崎ミユキさんです。こちらも内容を少し見てみましょう。（スライド表示）

コミック版（3）（ゲーデル）

- 第3巻のコミカライズ
    - $0.999\cdots = 1$
    - 数学的帰納法
    - 形式的体系を作る
    - 形式的体系はテーマパーク

コミック版（3）の内容からいくつかピックアップします。
　この本では数学の「論理」に重きを置くので、わかりやすいテーマとして「$0.999\cdots$ は 1 に等しい」や数学的帰納法、それから数理論理学で扱う形式的体系といったものを紹介しています。
　ゲーデルの不完全性定理はとても難しいので、定理の証明までは踏み込みませんが、定理を証明するときに木のような形になるところにフォーカスを当てて、「証明の木」を作ります。
　あ、これまでのコミカライズすべてに通じることですが、基本的に結城がすることは、数学的な内容のチェックと、作画をなさる先生が題材選択に迷ったときのアドバイスだけです。あとは作画の先生が編集者さんと相談して、原作をベースにお話を組み立てています。

1.11.1　$0.999\cdots = 1$

このシーンは $0.999\cdots = 1$ という数式をテトラちゃんが先生となって中学生たちに説明しているところです。$0.9, 0.99, 0.999, \ldots$ という数列が持っている、

- どこまで行っても 1 より小さい
- いくらでも 1 に近づく

という性質に注目します。これは数学で学ぶ「極限」の導入になっていますね。

　数学的には、この $0.999\cdots$ と 1 は厳密に等しいんですが、納得いかない！　という人は多いです。その原因は何かというと、$0.999\cdots$ という表記にあると思います。この簡単な表記の中に数学の「極限」という概念が隠れている。それから、$0.999\cdots$ と 1 という異なる表記が同じ数を表しているというのも納得しにくい原因かもしれません。ともかく、この場面では、僕とテトラちゃんが対話をしながら $0.999\cdots = 1$ の謎を解き明かしていきました。

1.11.2 数学的帰納法

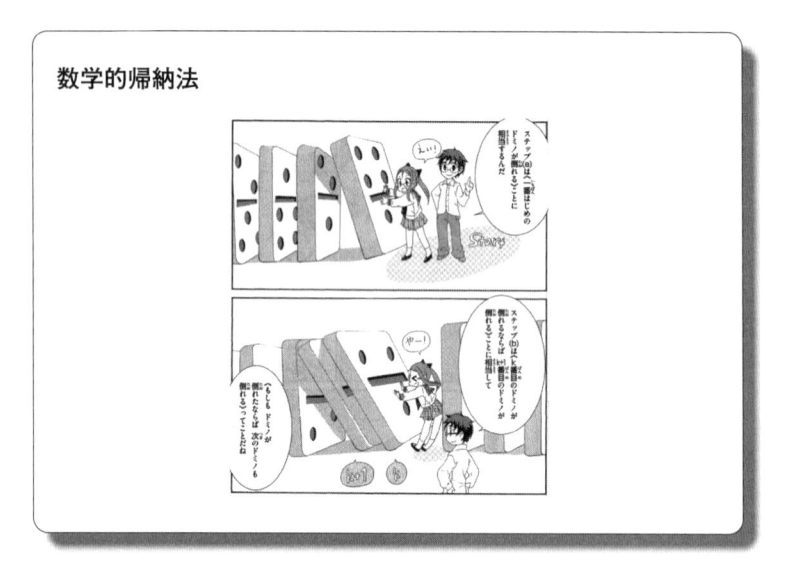

数学的帰納法

このページは数学的帰納法の説明をしているところです。「数学的帰納法はドミノ倒しのようなものですね」という説明はよくありますが、ここではユーリが実際に巨大なドミノ倒しをやっています。えい！ と言いながら、このでっかいドミノをバーンと倒してますね。「スタート地点から1個ドミノを倒せます」というのと、「1個ドミノを倒したら次のドミノも必ず倒れます」というのを絵で見せるんです。やー！ とか言ってますねえ。これが数学的帰納法。

1.11.3 形式的体系を作る

さて、$0.999\cdots = 1$ や数学的帰納法のような題材はさておき、「ゲーデルの不完全性定理」という大物をどうやってコミックにするのか。それはとても難しい問題でした。きちんとやるためには数理論理学についての専門的な話「形式的体系」に触れなくてはいけ

ません。

そこをちょっと見てみましょう。（スライド表示）

形式的体系を作る

数理論理学の一分野は、数学における証明について研究しています。数学を研究するので、ちょっと語弊はありますが《数学を数学する》と表現しています。

コミックのこのシーンでは、数学で行っている証明を図式として表しています。形式的体系では、公理や定理をツリー構造のノード（節）のように考えます。公理や定理はすべてあるルールに基づいて作られた論理式という形式的な部品で、与えられた公理からカチャカチャと組み替えて得られたものが定理になります。

普通は数学で定理というと数学的に意味があるものですけれど、ここではその意味についてはまったく忘れてかまいません。形式的な公理から機械的な操作で作り得るものをすべて形式的な定理として扱います。

そうするとですね、形式的公理から導ける形式的定理がたくさんバーッと作れます。この全体が形式的体系です。ある論理式があって、公理から導けたらそれは定理。導けなかったら定理ではない。ツリー構造でそこまでたどれるかどうかが重要なテーマなんです。

　いまお話しした内容をきちんとやれば数理論理学における証明論の授業になります。その概念的な部分だけをコミックでやってしまおうというわけです。簡単ではありますが、本質的な説明になっているんですよ。

　ここではデジタルな姿をしたミルカさんがそのツリー構造について解説していますね。この図で、公理から定理を証明で結んでいく様子がわかると思います。

1.11.4　形式的体系はテーマパーク

　公理から定理を導いていく、数学ではその道筋が証明なんですが、形式的体系ではそれをすべて形式的な世界に持っていきます。つまり、形式的公理から形式的定理を導いていく、それが形式的証明なのですね。

　そんなふうに考えを進めていくと、ある意味では、数学でやっていることを形式的な世界——いわばテーマパークのような場所に移し替えて研究していることになります。（スライド表示）

形式的体系はテーマパーク

> テーマパークみたいなものだね
> そこはもう そういう世界なんだ

　さて、原作では舞台として遊園地が登場しますが、コミックでは茉崎さんのアイディアで「形式的体系」を「テーマパーク」と関連づけています。これはすばらしいアイディアです。

　リアルワールドの中にテーマパークがあって、そのテーマパークの中には外のリアルワールドとそっくりの世界がある。テーマパークを支配しているルールは、リアルワールドとかけ離れているわけではなく、ある意味で対応がついている……これはまさに数理論理学で、数学の体系と形式的体系との対応を思わせる構造になっています。

　数学の世界を小さなテーマパークの世界に移して研究する。これは、数理論理学の証明論で扱う題材になります。原作の『数学ガール／ゲーデルの不完全性定理』でも遊園地は登場するのですが、こんなふうに「形式的体系をテーマパークとして表現する」という部分は、茉崎ミユキさんが出されたアイディアですね。すばらしいです。

　このような表現は、京都大学の**林晋**先生——岩波文庫でゲーデル

の『不完全性定理』の翻訳と解説を共著でお書きになっている先生——が絶賛しておられました。このコミックのアマゾン書評にも林先生は書いてくださっていましたね。いろいろ話が広がって、感謝なことです。林先生は「研究しているときは、確かにそのように考えている」と、テーマパークの着想にたいへん感動なさっておられました。

　以上ご紹介したように「数学ガール」シリーズの第1巻から第3巻まで、それぞれが絶妙なバランスで数学的内容に触れながらコミカライズされています。

1.12　電子書籍

　2012年には「数学ガール」シリーズは、全部で5巻が刊行されます。

　シリーズのうち何冊かはソフトバンククリエイティブさんから、AppleのiPadで閲覧できる電子書籍版が刊行されています。

　読者さんからは、ぜひiPhone版も作成してほしいという要望が届いており、編集部さんのほうで検討している状況です。

　ただ、このシリーズは数式がとても重要なので、iPhoneで数式が綺麗に出せるかどうかというところが課題のようです。iPadでは数式も綺麗に出ますね。

1.13　翻訳

　「数学ガール」シリーズは、実は外国語にも翻訳されています。

　英語版は"Math Girls"というタイトルでBento Books（ベントーブックス）さんから出版されています。これは『数学ガール』の第1巻の全訳になります。

今年 (2012 年) 中には、第 2 巻の『数学ガール／フェルマーの最終定理』を英訳したものが出版される予定です[*2]。

英語版の他に、中文繁体字版やハングル版も刊行されています。

1.14　ファン活動

「数学ガール」シリーズを応援してくださる方はたくさんいらっしゃいます。そして、その方たちのファン活動——と呼ぶのが適切かどうかわかりませんが、ともかくそういう活動があります。

これまでお話ししてきたように「数学ガール」の世界を Web や本で公開していると、それを読んでくださる読者さんがいる。コミックスを読む人もいるし、翻訳されたのを読む人もいる。

「数学ガール」の世界が好きな方、特に高校生さんなどは、さまざまな手段を使ってこの「数学ガール」の世界にコミットしたいという気持ちを持っていらっしゃるようです。最近はインターネットを誰でも使える時代になっていますので、コミットした活動を公開している人もいます。

Web サイトで「数学ガール」に関連したイラストを公開する方や、「数学ガール」のテーマソングを作曲して初音ミクに歌わせてニコニコ動画で公開する方、さらに、その曲に合わせたビデオを作る方もいらっしゃいます。

また、『数学ガール／乱択アルゴリズム』で私はアルゴリズムを表現する擬似言語を作ったんですが、それを実際のプログラムとして動作するようにした方もいらっしゃいましたね。

その他に、みなさんも使っていらっしゃる方が多いと思うんですが、Twitter というサイトがありますよね。そこで自動的にツイートをする bot を作った方もいらっしゃいます。つまり、「数学ガー

[*2] 2012 年 12 月 12 日に刊行された。

ル」に登場するキャラクタに扮してつぶやきを投稿するプログラムを作ったのです。（スライド表示）

さまざまなファン活動

- テーマソング（初音ミク）
- Twitter の bot
- キャラクタイラスト
- 同人誌
- アンビグラム
- ハンコ
- 卒業論文（！）

その他に、コミックマーケットに同人誌を出す方や、アンビグラムというひっくり返しても読める画像を作る方や、「数学ガール」のキャラクタでハンコを彫る方もいらっしゃいました。

そして——卒業論文です。今回、私がこの公立はこだて未来大学でお話しさせていただくきっかけは、『数学ガール』で卒業論文を書いた方がいらしたことでした[*3]。

私からのお話は、そんなところですね。

まとめますと、Web から始まった「数学ガール」が本になり、6年ほど経つうちにシリーズは5冊になります。電子書籍、コミックス、翻訳、それにファンのみなさんの活動——ということで、「数学ガール」の世界はますます広がっています。

こういった「数学ガール」の世界は、結城浩の Web サイトであ

[*3] http://www.hyuki.com/girl/links.html#article

る"www.hyuki.com/girl"にすべて集められています。
　以上です、ありがとうございました。
　（拍手）

第2章

質疑応答とフリーディスカッション

> 公立はこだて未来大学での講演が終わった後、
> 質疑応答とフリーディスカッションを行いました。
> （敬称略）

2.1 読者

司会者：結城さんのお話が終わったところで、予定していたプログラム通りに行くことにしますと、次は「質疑応答とフリーディスカッション」になるんですが……。

参加者：時間はどのくらいあります？

司会者：時間はトータルで3時間ほど取ってありますので、ゆっくりやってもかまわないです。このプログラムに書いてある通りに進まなくてもいいのですが、みなさんとご自由にディスカッションできればと思っています。これから宴会のほうに参加なさらない方は、この時間しかチャンスがありませんので、ぜひご質問をお願いします。

結城浩：基本的に答えられることなら何でも答えますので……。

司会者：それでは……あ、はい、沼田先生（指名する）。

沼田寛：未来大学の沼田といいます。

　私も昔、雑誌とか本とか……よく文章を書いていた人間なんですが、結城さんのようには売れなくてですね、未来大学から声を掛けていただいて、大学教員というところに逃げおおせた、とそういう人間でございます。

　結城さんは「数学ガール」以前に、プログラミング関係の本をたくさんお出しになっています。そして今度はこの「数学ガール」シリーズを書かれている。あまりわかっていない人にも気づかせ、わからせる——そういう文章のテクニックというのは、連続していることなのでしょうか。

結城浩：はい。その質問でよろしいでしょうか。

沼田寛：はい。「はい」って言うとそこで止まっちゃうんですが……。

　自分が「わかった」と言うとき、それを読者にどこで気づいてもらって、わからせるのか。そういう仕掛けを僕らもいろいろ考えます。

　でも、当たりはずれがあって、なかなかうまくいかない場合もある。ここで落ちる！……はずが落ちなくて、空回りすることもある。結城さんの場合はだんだん熟達していっているようです。そのあたりのコツみたいなものを教えていただければ。

結城浩：ありがとうございます。そういう話は何時間でもしゃべり続けられるんですが、簡単に。

　おもしろい文章、人に読んでいただける文章、人から「なるほど、これ面白いね」って言ってもらえる文章……そういう文章を作ることは、基本的に難しい話です。もちろんコツはあります。もしそれを一言で言えっていわれれば、言うことはできます。それは「**読者のことを考える**」です。その一言で終わり。読者のことを考えて書いていく、これしかありません。

質問の形で表現するなら、

　　「読者のことを考えているか」

ということですね。そして、その次に、

　　「読者って誰なのか」

という質問がやってきます。

　「読者って誰なのか」と聞かれたら、書く人はそれに対する答えを持っていなくてはいけない。「私の本の読者はだれそれです」のように。もちろんその答えは属性の束であるかもしれない。具体的なだれそれっていうイメージかもしれない。

　その次にくる質問——まあ書き手としては自問自答するわけですが——その質問は、

　　「私はその人のことを知っているか」

というものになる。さらにそれに対する答えはたいていは「いや、私はまだよく知らない」になる。私は自分の読者のことをまだよく知らない——だからもっと知らなくちゃ、と思う。読者をイメージする。深くイメージする。心の中に読者を思い描く。

　あの人は——つまり私の読者は——何を知っているんだろうか。何をどこまでわかっているんだろうか。どういうところがわからないんだろうか。何を知りたいと思っているんだろうか。どういうことをおもしろいと思ってくれるんだろうか。お小遣いはいくらかな。いつもどんな本を読んでるのかな。どんな女の子が好きで、どんな男の子が好きで、本を読むのは何時ころで、本を月に何冊買って、本を買うときの障害は何だろう。本を読むよりもゲームが好きかな。本を買うためには、親を説得してお小遣いをもらう必要があるのかな……。

　そのように読者のことを想像する。まあ読者のことがしっかりと

わかっていれば、たくさんの人が読んでくれる本になる可能性は高くなるわけです。

　ところでこの本——「数学ガール」の場合は、割と単純で……私はあまり考えてないんです。（笑）　私自身が「これって素敵だな」というものを書いている。「ミルカさん、好きっ！」とか「テトラちゃん、けなげだっ！」とかね。（笑）

　そのような、キャラクタに対する私の率直な思いをぶつけるように書いてますよね。だからマーケティングもテクニックも何もなくて、自分そのものをぶつけてみた、のに近いかもしれません。

　「数学ガール」を、結果的にたくさんの人が読んでくださったというのは、私と同じ波長を持った方がたくさんいたのだと思います。言い換えれば自分自身が読者であって、自分が読みたい本を書いたということになるでしょう。

　「数学ガール」の原作のときはそれでよかったのですが、コミック版や翻訳になると少しニュアンスは変わります。つまり、私個人のこだわりと自分がすべてをコントロールしたいという思いをどれだけ手放すことができるか、という要素も必要になります。

　コミック版を読む人は、原作を読む人と層が違う。私が個人ではリーチできなかった人たちへリーチしようとしている。いろんな方がいらっしゃるので決めつけはできないですが、コミック版を読む人の中には数学はそれほど好きじゃない人もいる。結城さんなんて人は知らない。プログラムの本なんて読んだこともない。普通の漫画を読んでいる延長で「えっ、数学？」という感じで読む。

　私はそういう人たち向けにどのように本を提供したらよいかはよくわからないので、基本的に漫画家さんにお任せすることになります。漫画家さんと編集さんに「このキャラクタはこれとこれはやりません」のような簡単な禁則事項をお伝えして、あとは基本的に自由にやっていただいています。

おかげさまで、三作ともそれぞれに少しずつトーンが違い、原作よりも広がりのあるすばらしいコミック版になったと思います。

沼田寛：マーケティングあんまりやりすぎてもだめでしょ？

結城浩：そうですね。

沼田寛：だめですよね。自分がおもしろいと思わなかったら、いくら「こういう読者だ、こういう読者だ」って考えても……。

結城浩：でも「自分がほんとうにおもしろいと思うものを作る」というのは、実は真のマーケティングだと思います。自分がおもしろいというものを作ったら、失敗してもいい……というか、納得がいくと思うんです。スティーブ・ジョブズじゃないですけど。

　そんな感じですね。他に何かありますか？

　あっ、すいません。私、司会者じゃありませんでした！（笑）

司会者：どうぞどうぞ、ご自由にお話しになってください。（笑）

2.2　追体験

角康之：お話を聞いてて思ったんですけど、キーワードは「追体験」で、それを促しているのかなと思ったんですけど……。

結城浩：はいはい、そういうところはありますね。

角康之：いちど体系づけられたものを人に伝えるときには——発見のときにはボトムアップにやるんですけど、ふだん教えるときには——演繹的にやったほうがいいのかな、と僕なんかは思ったんですけれども……。

　つまり、定義などをはっきり確認してから理解していく、というほうがいいのかなと思ったんですが、さっきのお話の中では、研究

者自身が悩みながらアブダクションしたり、見つける苦労を一緒に体験してもらうよう促しているのかなと……。

結城浩：はい。結果的にそうなったのだと思っています。最初からそれを狙ったわけではないんです。「追体験させよう」と思って書いているのではない。

そうだ、たまたま今日 AppBank さんというサイトに私のインタビュー記事が出ていて[*1]、そこにも書いてあるんですが、私は「キャラクタが問題を解く様子」を記述してるんですよ。

私の仕事は、キャラクタに良い問題を与えることなんですね。問題を与えると、彼女たちはそれぞれに解く。

テトラちゃんは「ちょっと例を作りましょうか」と言って、いきなり 200 個くらい例を作りはじめます。（笑）

ユーリは、条件を見て「何これ。足りないんじゃないの」って文句を言い始める。そのうちに「もういいや、飽きちゃった！」なんて言い出す。

ミルカさんは、問題をまったく別の視点から考えていく。そのような彼女たちの様子を私はずっと観察していて、そこで出てきた結果を記録して本にしているようです。

だから、私は「読者に追体験させよう」と思って書いているわけではなくて、彼女たちの体験をきちんと記録して、それを読んでみたら自動的に追体験になっていた……そういうことなのだと思います。

実はこれって、数学の発見の歴史そのものではないか、とも思っています。先ほど少し触れた「何かこれでおもしろいことは起きないか」と考えていくこと。これが数学の発見の歴史。

「ねえねえ、これってきれいじゃない？」

「これって左右対称！」

[*1] http://www.appbank.net/2012/05/09/iphone-news/404041.php

「これってひっくり返しても同じだ！」

のような、さまざまなことを見つける。
　自分が見つけたものこそ、おもしろい。
　自分が見つけたものこそ、盛り上がる。
　先生から定理を先に与えられると、何だか先生の手の上で「踊らされている」という感じがする。「先生、どうせ最後の答えまで知ってるんだろう。定理とか言っちゃってさ。上から目線かあ」みたいに生徒は思いがち。でも、もしも先生が、「ここに、こんなものがあるよ。先生はここから三個くらいおもしろいこと見つけたんだけど、他にもあるのかなあ……」なんて水を向ければ、生徒は一生懸命探すと思います。「よーし、先生を出し抜こう！」って。
　そして見つかれば、生徒には大きな喜びがある。
　生徒が「見つけたよ」って言ってきたら、先生は「すごいねえ！よく見つけたね、こんなの！」って言うべきですよね。そうしたら生徒は得意満面になる。
　でも、先生が一言もほめずに「ここまちがえてるじゃん。足りないじゃん。先生は、ここまで見つけたもん」なんて大人気ないことを言ったら、生徒はがっかりですね。まちがいの指摘はまあ必要ですけれど、その前の大きな発見をほめてあげなくては。
　良い素材を生徒に与える。そしてあとは生徒に発見させる。発見してもらう。生徒が何を言ってきても、しっかり受け止めて、肯定的に応える——そういうことが非常に重要です。それくらいできなければ「ああ、この人は先生だ」と生徒に見なしてもらえないのでは、と思います。先生にはそのくらいの度量の深さを期待したい……自分が生徒だったころを思い出してみると。

2.3 仕組み

美馬のゆり：いまの追体験の話で……やりとりを見てて似てるなあと思ったのは、NHKの番組で「すイエんサー」ってありましたよね。

結城浩：はい。私は見ていないんですけど、すいません。

美馬のゆり：「すイエんサー」では、番組の中で絶対に「科学」という言葉を使わないんですね。その「すイエんサー」のプロデューサーと話していたときに、雑誌の女の子、人気のモデルの子たちにミッションが与えられて——たとえば「卵をゆでるときに黄身を真ん中にするにはどうしたらいいか」とか——そういう身近な現象を見つけていくときに、いろんなところに行くようにと課題が与えられるんですね。その与えられた課題を見ていくうちに「なぜなのか」を発見していく。

　関係のある定理や理論がちりばめられていて、それを彼女たちが経験していって、最後に「あっ！　わかった」って言う。

　その「あっ！」体験を彼女たちにしてもらい、それを番組にして、「彼女たちにわかるんだったら私にもわかる」ということを追体験させる番組だなと思いました。それは、先ほどのお話に近いのかな……。

結城浩：近いですね。難しいのは「仕組み」を読者に見せちゃいけないというところです。つまり「これって、仕組まれてるんだね。やらせだね」と思われちゃだめなんです。

　マニュアル化と似ています。「いらっしゃいませ。ポテトいかがですか？」と言われても感動はない。それは、そんなふうに言えとマニュアルに書いてあることがわかるからです。その「仕組み」が透けて見えちゃだめだと思います。

「うわあ、この人、ほんとうに私に親身になってくれてるんだ」と思うと感動があります。著者が心から「確かにそうだよ、おもしろいよ」と言えるかどうか。

「仕組み」ってどういうことかというと、キャラクタの動かし方です。はじめから「この定理とこの定理を教えるためにキャラクタを動かそう」と考えると絶対失敗するんです。

もちろん、本としてのまとまりをつけるためにゴールは定めますが、その途中に出てくるものは「ほんとうの意味での必然性」が必要です。

ほんとうの意味で「自然」である必要があって、そのために「数学ガール」では、数学書としては逆に不自然なこともやっています。細かくはお話ししませんが「ここまで説明したんだったら、数学書では絶対この定理ついでに話すよね」という定理の話をスキップしたりします。

たとえば、フェルマー巻で「互いに素」の話を書いたとき、普通の数学書なら次に中国剰余定理の話が出てくるんですが、「数学ガール」ではそっちには行かなかった。

私は「こんな数学書は絶対ないなあ」と思いながら書いていました。この話まで書いたら、もうちょっと一般化されたこの話もしたくなる。先々まで見通している数学者なら絶対その話に進みたくなる。でも、そこまでの一般化は話の流れからは不自然になるという場合があるんです。そんなときには、ぐっとこらえることも必要になります。その塩梅はとても難しいのですけれど。

2.4 教えること

美馬義亮：ちょっとそこでお聞きしたいんですが、そういうことが、たとえば『数学ガール／線型代数』や『数学ガール／解析学入門』がないことにつながっているんでしょうか。

結城浩：そのご質問への答えは『数学ガール／線型代数』がどういう意味なのかに依るんですが……。

美馬義亮：私たちは大学の教員なので、まあいわば"ダークサイド"にいて、義務的な学問もしなくてはいけない。学生は単位を取るために覚える側面もあるし、我々も「いずれは役に立つ内容だから」として教えなくてはいけない部分もある。我々は、そういうところも考慮してストーリーを作っていかなくてはならない。だから、結城さんのアプローチは我々が教えたいことにもうまく当てはまるかどうか……。

結城浩：なるほど。それはおもしろいですね。私は線型代数苦手なんですよ……。（笑）　当てはまるのかどうかはよくわからないですね。私はまあ本能で書いているので。そういえば、線型代数以前に、二次元の行列すら高校からなくなるとかならないとか……。

上野嘉夫：なくなりますね。

結城浩：そうですよね。高校で行列を教わってこない。そのような状態で大学で何をせよというのか、という部分はありますよね……。

「数学ガール」シリーズでは、二次の正方行列や回転行列はほぼ各巻に出てくると思います。たとえば回転を表すために第1巻に出てきますし、第4巻の確率の話でも出てきます。確率論ではまさに線型代数の応用というものも出てきます。二つの国があって、互いに人が行き来している。その行き来の割合がわかっているときに平衡状態を求める問題ですね。そのときは確率の行列を組んで n 乗を求めて無限に飛ばす。その n 乗を出すときに行列の対角化を行います。第4巻でその話をしたかったので、行列の基礎に触れました。

行列の基礎ですから、これが行ですよ、これが列ですよ、というところから始めます。第4巻では、その確率の問題を解きたいというゴールがあり、そこに向かって進みます。「これをわかってほし

い」というゴールを決めて、そこに向かうために必要な道をたどっていきます。

　もしも私が『数学ガール／線型代数』を書くとしたら、線型代数という範囲の中にたとえば「フェルマーの最終定理」に相当するような魅力的な題材があるかどうか探すでしょうね。そういう題材があるなら、そこへ向かって道を作るというアプローチはできるかもしれません。

　もしそういう題材がないなら、大きなゴールへ向かう進み方ではなく、その分野を散策して楽しいものを眺めていくという進み方になるでしょうね。

美馬義亮：要するにですね、我々の教えなくてはならないことは、すごく浄化されているんですよ。「最後に何ができる」というのを見せずに、純粋なテクニックだけが並んでるといいますか。

結城浩：なるほど、なるほど。だとしたら「テクニックを発見させる」という方法が使えそうです。よく使われるテクニックがあるとして、そのテクニックを使わないと非常に大変になる課題をわざと与えるんですね。ことさらに苦労させる。その苦労を体験すれば、テクニックを知ったときに「このテクニックは確かにすごい」ってことになる。そのように話を落とすやり方もありそうです。腹に落ちるような納得感がなかったり、何か発見するという体験がないと、単なるテクニックはつまらないですよね。

　クヌース先生が「美しい机なら、単なる拭き掃除もつまらなくない」ということを書いています。単なるテクニック、単なる道具の話であっても、その道具を美しく見せる工夫や、いかに広い範囲に使えるかを伝える工夫があればいいのかもしれません。

　いくら便利な道具であったとしても、その道具の美しさや便利さを伝えずに、賽の河原で石を積むような繰り返しのトレーニングはちょっと……と思います。

美馬義亮：わかりました。

結城浩：はい、すいません。

上野嘉夫：いまの話とやりとりを聞いていて思ったんですが、「数学ガール」などは——僕の専門は数学ですが——数学の論文に近いんじゃないかと思うんですよね。

　つまり、数学の論文では、発見がその中にある。どうしても論文の場合にはお約束があって、イントロダクションでファイナルゴールをある程度は見せなくちゃいけないんだけど、途中のたどる道については「これから先どうなるんだろう」と思いながら読める論文がいい論文。「これもう道、見えてるよな」っていう論文はつまらない。「ネタバレしてるよな」っていうのはおもしろくない……。

結城浩：論文の中にドラマがあるんですね。

上野嘉夫：あっと驚くようなものが途中にあるかどうか。それは論文のおもしろさになると思うんです。そういう部分では、むしろ「数学ガール」は論文に近いんじゃないかなと思ったんです。

結城浩：第4巻目「乱択アルゴリズム」のときには、"Satisfiability Problem"（充足可能性問題）を扱いました。ランダムウォークを使って乱択的に解くアルゴリズムではどれだけオーダー下げられますかという題材で、丸々一個の論文を解読している章があります。道のりは長くて一章かかったんですが。

　その中ではガールたちは論文のゼミみたいのをやっているんですね。まずは具体例を作って論文に書かれている問題を理解する。既存の研究を調べて、ここまではオーダーは下げられていたと確認する。ある人の研究ではこういうアルゴリズムでオーダーが下がることを示したらしいから、その通りになっているかどうかアルゴリズムを解析してみよう——そんなストーリーになっています。ある学

数学検定 算数検定

実用数学技能検定®
のご案内

実用数学技能検定®とは？

数学検定と算数検定は正式名称を実用数学技能検定®と言い，それぞれ5級以上と6級以下の階級に相当します。数学・算数の実用的な技能（計算・作図・表現・測定・整理・統計・証明）を測ることができ，年間30万人以上，累計で350万人以上の方が受検している進学・就職に必須の検定です。

公益財団法人 日本数学検定協会

【本　　　　部】〒110-0005 東京都台東区上野5-1-1 文昌堂ビル6階
【受付・流通センター】〒125-8602 東京都葛飾区東金町6-6-5 三井生命金町ビル4階

TEL：**03-5660-4804**　　FAX：**03-5660-5775**

[実用数学技能検定 公式サイト] http://www.su-gaku.net/

数式と青春が織り成す魅惑の数学物語

数学ガール
結城浩[著]

シリーズ累計22万部突破!!

1 数学ガール 定価1,890円(税込)

2 数学ガール フェルマーの最終定理 定価1,890円(税込)

3 数学ガール ゲーデルの不完全性定理 定価1,890円(税込)

4 数学ガール 乱択アルゴリズム 定価1,995円(税込)

5 数学ガール ガロア理論 定価1,995円(税込)

『数学ガール』に新シリーズ登場!
中学・高校レベルの数学をやさしく解き明かす第一弾

数学ガールの秘密ノート 式とグラフ

結城浩[著] 定価1,260円(税込)

すべての人のための数学入門書!

基礎からわかる数学入門

数学教育で大きな足跡を残した著者の、高校生に向けて
やさしく説いた数学独習書が、時代を超えて現代に復活!!

遠山啓[著] 定価2,310円(税込)

◆数学は、偉大な問題で進化する!
数学を変えた14の偉大な問題
イアン・スチュアート[著]
定価2,520円(税込)

◆この方程式が世界を変えた!
世界を変えた17の方程式
イアン・スチュアート[著]
定価2,310円(税込)

◆どこから読んでも面白い最高の数学読み物
数学の秘密の本棚
イアン・スチュアート[著]
定価1,995円(税込)

◆アインシュタインが絶賛した数学入門書
数学は世界を変える
リリアン・R・リーバー[著]
定価1,575円(税込)

◆相対論の本当の姿が分かる本
数学は相対論を語る
リリアン・R・リーバー[著]
定価1,995円(税込)

◆無限をめぐる壮大な数学ドラマ
数学は無限を創る
リリアン・R・リーバー[著]
定価1,995円(税込)

SBクリエイティブ株式会社　〒106-0032 東京都港区六本木2-4-5　http://www.sbcr.jp/

生さんから「これって論文講読みたいですね」という感想をいただきました。

考えてみますと、論文こそ「驚くべき新しい発見を後世に確実に伝えるためのもの」ですよね。その最もピュアな形が論文です。「多くの人が喜んで読む本」と「よい論文」に共通するところがあるのは納得できます。驚きをしっかり伝えたいし、ピントを外さずに感動を伝えたい。

上野嘉夫：えーと、学生さんたちもいる前であれなんですが、授業をやっていて、自分でも「つまらんな」と思うことがあるんですよ。(笑)

特にさっきも話に出ていた線型代数の最初のほうなんて「なぜこんなこと教えなきゃいけないんだろう」っていうような、実につまらなそうなことがあったりしますよね。

まあ、ゴールとして「こんなところに出てくるんだよ」と伝えたいときはありますけれど、今度は、それのゴール自身が難しいことがあったりするんですよ。さっきの確率の行列でいいますと、大学一年生に対して確率論というのが顔を出しちゃう。ゴール自体が難しかったらどう教えようって話になるわけなんです。

たとえば、結城さんが本の構成をするとき、そういう点はどうしているんでしょう。

結城浩：数学者さんは私にとって非常にありがたい存在です。嘘がなくまちがいもない本や論文を書いてくださるからです。その一方で、数学者さんの書いている本には不思議な特徴があるなあと思います。それは「読者を信頼しないくせに読者を信頼する」という特徴です。

読者を信頼しないというのは「自分が書かなかったことは読者は知らない」と思っているところで……読者を信頼するというのは「自分がいっぺん書いたら読者は完全に理解した」と思っていると

ころです。（笑）

　だから数学者の書く本というのは、定義、定義、定義、定理、定理、定理、と続いて書いて、いきなり「だからさっき言ったじゃん、30ページ前の定理12-3でやったでしょ。40ページ前の定理8-5でやったでしょ」っていうように書いてある。なんていうんでしょうか、読者に過酷なことを要求するわけですね。

　私の書き方は、その点でいえばまったく逆です。馬鹿じゃないから、すでにたくさんのことを知っている。だから、それを最大限に活かそうと考える。読者は馬鹿じゃないけれど、読者はたいへん忘れっぽい。だから、何回も同じようなことを書く。

　何回も同じことを書くと「あれ、結城さんまた同じこと書いてる」と思われるので少しずつ変えて飽きないようにする。もちろん、そのようなやり方は論文では使えないんですが、読み物の場合には、読者さんにわかってもらうための工夫として使います。そうすると、読者さんも発見してくれるんですね。「あれ、これさっきも書いてたよ」や「待てよ、さっきはちょっと違うこと書いてたはずだぞ」と気がつく。すると気になった読者は自分から見てくれるようになる。

　「数学ガール」シリーズに出てくる数式って「式番号」がないんですよ。出題される「問題」については番号がついていますが、それは問題と解答の対応をつけるためにつけているだけです。たくさん出てくる普通の数式にはまったく番号をつけない。以前に登場した数式に言及したいときには基本的にはもういっぺん書くんです。これは確か、**吉田武**先生の『オイラーの贈物』で学んだ書き方です。

　それはなぜか。それは、そのほうが読者さんが読みやすいから。

　読者さんに「さっきの定理？　それって何ページ前だっけ」と思わせたくない。すぐ上に書いてある。読者さんには、いちいちページをめくってもらうことよりも、考えて「なるほど」と思ってもらうことに時間を使ってもらいたい。

　読者さんは誰か。読者さんは何を知っているか。どんな性格か。

どういうことはやってくれるか。どういうことはやってくれないか。そういうことを考え抜くことが読みやすい本につながると思っています。

椿本弥生：お話の中で、「数学者だったらこれを説明した後には必ずこれを説明する」ってところを「あえて塩梅として説明しないことがある」とおっしゃっていたと思います。それについて——私は「教材を作る」ことや「教育工学」のようなことをやっている者なんですが——

結城浩：文章作成工学？

椿本弥生：文章作成したりってこともやります。——で、教材に「どういう内容を入れて、どういう順番で書くか」というのは、とても難しいところだと思うんですが……

結城浩：はい、そうです。その通りです。

椿本弥生：原作とコミック版では、その塩梅は変えているものなんでしょうか。

結城浩：変えています。もちろん変えています。

椿本弥生：変えていますか！　そこをすごく伺いたいです。というのは、読者層が違うとその塩梅も変えなくちゃいけないんじゃないかと思うんです。このように変えてくださいっていうのは、漫画家さんに結城さんのほうからお願いするんですか。

結城浩：違います。私はお願いしません。

椿本弥生：漫画家さんが塩梅を変える——そうなんですか。

結城浩：たとえばフェルマー巻のコミカライズについてお話ししますが、漫画家さんと担当編集者さんが理解できるような形で描いて

もらっています。

椿本弥生：コミックを読む人たちの層に合わせて塩梅を変えるというのは担当編集者さんが調節をする？

結城浩：ちょっと違います。まず基本として自分がわかるものを書いてもらいます。わからないことは書けない。数学的に深いところまではわからなくてもいいのですが、これとこれが組み合わされてこれが導かれるという構造がわからなかったら書けないです。もちろん例外はありますけど、大体はそうです。たとえば、フェルマーでいいますと、漫画家さんから私のところにメールが来ます。原作のページをスキャンしたものにたくさん書き込みがしてあって、このページのココとココを使おうと思っているという連絡ですね。で、少しあふれそうだから、調整したいという相談を受けることもあります。そうすると私は「ここは外してもいいけれど、これは残してほしい」という返事をします。でも基本的には漫画家さんが編集者さんと相談して構成を考えます。

　先ほどおっしゃられたように、そのような構成がコミックスの読者さんにつながっていることはまちがいありません。

椿本弥生：じゃあその、編集能力というものがすごく重要になってくるんですね。

結城浩：もちろんです。

椿本弥生：ありがとうございました。

2.5 執筆の準備

司会者：じゃあ、沼田先生。

沼田寛：ちょっとお聞きしたかったんですが、『数学ガール』のような本をお書きになるとき、すごくたくさん下調べをされて、関連する参考文献を集めて、それをご自身でもう一回勉強し直して、理解して……いろんなネタをかなり貯め込まれるんじゃないかと思うんですね。「これについては『あみだくじ』が使えるんじゃないか」というふうに。そのようにそうとう綿密な下準備をしてから執筆に向かわれるんでしょうか。執筆に向かわれた後、調べるというプロセスは入るんでしょうか……。

結城浩：もちろんです。

沼田寛：入りますか。

結城浩：入ります。私は、——これは自分の能力だと思っているんですけど——「一生懸命勉強したら、一年後にはここまで理解してるはず」ということを見きわめる能力があるようなんです。たとえば、フェルマーの最終定理について書くときですが、「これなら、自分は一年後くらいに『フェルマーの最終定理』についての落としどころを見つけられる」と思ったときに書き始めるんです。

沼田寛：なるほど！　そうですか。

結城浩：で、書き始めた後は、もう、ひたすら、一生懸命、調べながら……。（笑）

沼田寛：そうなんですか。

結城浩：そういうことです。

沼田寛：僕は、しっかり調べておいて、ヨーイドンで書き始めて、ものすごく早く完成するのかと思ってました。

結城浩：それは不可能です。

沼田寛：そうじゃないんですね。その反対？

結城浩：もちろん、事前に調べることは必要です。最終章にたどり着くために、これと、これと、これくらいは必要かな——のように下調べします。するんですが、かなりの部分は無駄になりますね。それはしょうがないと思っています。

　たとえば、ゲーデルの不完全性定理について書くときの話をします。**ホフスタッター**の『ゲーデル、エッシャー、バッハ』も読んでいましたし、たくさん出ている一般書で、ゲーデルの不完全定理についてのお話はそれなりに読んでいました。なので、「これは行けそうだ」と思って書き始めるわけです。

　ところがですね、しばらく書くと「これは違うぞ」となってきました。じっくり考えていくと、何だか嘘っぽい本もたくさんあるぞって。

　大きな方向転換が必要だと気がついたので、数理論理学の本を買ってきて、一通り勉強していくことになりました。ですから、最初にこういう題材を入れようと思っていたことは結局ほとんど無駄になりました。

　怪しい本がたくさん出ていることがわかったので、改めて書き始める前に、ある数学者さんに聞いたんです。これとこれとこれと……を参考文献として頼りにしたいと思うんですが、どうでしょうって。

　そうしたら、その数学者さんからは「ゲーデルの不完全定理を書くのはやめなさい」と言われました。ライター死屍累々なので書くのはよしたほうがいいと。結局、それには従わずに書いてしまいま

したが。（笑）

　話を戻しますと、事前にある程度考えてから書き始めますが、大半は勉強しながら進むことになります。

沼田寛：確か、各巻でプロの数学者も何人か、レビューアになってもらったとか。

結城浩：はい、そうですね。基本的にはネットでレビューアさんを探します。ネットでブログを書いているような方を探して、これから書こうとする分野で、ちゃんと文章のことがわかってそうな方、それからメールでのやりとりに苦痛を感じそうにない方を探して、メールでレビューを依頼しています。

　ずうずうしいことに無料でのレビューをお願いしています。「数学ガール」のレビューアをやっていただけませんかって。あ、もちろん、最初に条件はきちんと提示します。料金の支払いはできませんが、書籍の最後に謝辞を入れますから、という条件です。謝辞を入れるかどうかもレビューアさんの許可を得ています。

　レビューをしてくださっている大学の先生などはこのシステムでもけっこう喜んでくださることがあります。「学生に自慢してるんだよ」とおっしゃってくださったり。

　話それてしまいましたが、勉強しながら書いています。

川嶋稔哉：あ、ちょっといいですか？

司会者：どうぞどうぞ。

川嶋稔哉：教えるということにまた戻るんですが……「数学ガール」の小説的装置として非常に工夫しているなあと思うのは、教師と生徒の境目が非常にグラジュアルだということです。

　たとえば、テトラちゃんは「僕」から教わる側ですが、ユーリちゃんには教えたりします。それから、第4巻からはリサという教師か

生徒か微妙な存在が出てきたりします。

あと……最初は高校の中で話が閉じているんですが、途中からは双倉図書館というさらに別の場所が出てきます。

普通は、対話による数学教育っていうと、数男君と数子さんの線型代数講座——みたいな感じで、特権的な存在である先生が一人いて、「知識を持つもの」と「持たざるもの」みたいに分かれちゃうと思うんです。

ところが「数学ガール」ではそうじゃない。そこが非常におもしろいと思ったんです。そこで、意識的に工夫されたところはありますか？——あ、実は僕、レビューアの一人として「数学ガール」をレビューしてたんですが、双倉図書館が出てきたときに、なんかすごくわざとらしいなと。なんだろう、この小説の装置感は——って正直微妙だなと思ったんです。あのあたり、どうして導入しようと思ったんでしょうか。

結城浩：そうですね。双倉図書館の導入について……。

まず、学校の図書室だけじゃ、つまらないなという気持ちがありました。それで……うーん、そうですね、一番強い理由としては「彼女たちがつまんないと思っていた」ということでしょうね。彼女たちをもっと広いところでしゃべらせてあげたい、と思いました。ですから、彼女たちが双倉図書館に行きたがっていた……が理由ですかね。

ミルカさんは、「数学ガール」の世界ではいわば "The Answer" になっています。彼女は、少なくとも数学的には、まちがったことを言いません……基本的には。まあ、ミルカさんにも弱みはちょっとありますが。

テトラちゃんは頑張り屋さん。基本的に教えられ役ですが、もしかしたら、この娘が一番かしこいかも。テトラちゃんは天才的な感じがしますね。

ユーリはロジカルなことが好きだけど、基本的に飽きっぽい。「僕」から教えてもらう立場——生徒なんですが、僕が行き詰ったときに決め手の一言を言うこともある。

　そういう多面性——という言い方が適切かわかりませんが——のようなものって、日常生活によくありますよね。先生がいます。生徒がいます。先生といっても、いつもいつも正しいことを言うわけじゃない。だらしがない点もある。失敗もする。教えている最中に生徒がこんなこと言うと、先生も怒り出したり。そんなツボみたいなところもある。

　そういう多面性っていうのがキャラクタ、つまり人格そのものだと思うんです。それぞれに得意や不得意がある。みんな生きているので、そういうところがないと変ですよね。

　機械的に置かれたキャラクタばかりではつまらないし、行動の背後に人間を感じないとつまらない。

　いるいる！　確かにこんな人いるよね。この人は、休日にはこんなことやってるんじゃないかな。——そんなことを想像させるのが、生きてるってことだと思うんです。

川嶋稔哉：単に知識を発見するだけじゃなくて、その背後にある人間味みたいなものまで描くように……。

結城浩：順番は逆です。彼女たちは私の中で本当に生きているんです。本に書いたものだけが彼女たちじゃない。彼女たちのエピソードは、本に書いてないものもたくさんある。

　彼女たちの活動の中からいくつかをピックアップして本にまとめているという感じがします。もちろん、想定している本のゴールに向かっていくために、という側面もありますが、けっしてそれだけじゃない。彼女たちは生きています。

美馬のゆり：その世界の中では、彼女たちは成長したり……。

結城浩：そうです。彼女たちは実際にも学年が上になって、成長していますし……。

彼女たちの中では、テトラちゃんが一番成長します。彼女は最初はただ「素数の定義」や「絶対値」などを教えてもらうだけだったのですが、最近はずいぶん変わりました。ガロア理論の巻では、テトラちゃんは自分で自主的に図書館に行って、群、環、体の理論を調べてきて、有理数体 $\mathbb{Q}$ に $\sqrt{2}$ を添加したらどんな体になるだろうか、ということを調べてくるまでに成長——勉強の面での成長をしています。

でも、そんな成長の中にも抜けはあって、ミルカさんはテトラちゃんの抜けた部分を見つけて指摘します。彼女たちは、それぞれに活動している。

もっとも、物語として制御しなければならないところもむろんあります。たとえば、ユーリが出てきた背景には、テトラちゃんがとても賢くなりすぎたという理由があります。

でもだいたいは、まずバックヤードで学んでいる彼女たちがいて、私はその娘たちの生活の一部を切り取ってお見せしているということです。

高村博之：いまのことに関して、ちょっと質問……知識レベルがいちばん下である人物の描写がいちばん難しいと思うんですが、それがどうして非常に正確にできているのか——そこに興味があります。

結城浩：うーん。難しいですね。具体的な文章を出さないと説明は難しいですね……うーん。

まあ一つの理由は、結城が数学者じゃないからだと思いますね。（笑）

私自身が、テトラちゃんと同じように「わからない」んですよ。互いに素も、確率変数も、ガロア理論も、そもそもよくわからなかったです。自分自身がわからないので、何かいわれたときに「納得い

かない」や「意味がわからない」と思うことがよくあるんです。本を書かなくちゃいけないから、がんばって調べて理解します。「わからない」だけだと本は書けないですからね！　（笑）　……でも、理解した後でも、わからなかったときのことを私はずっと忘れないんです。

　あのときは、こういう気持ちだったなあ……と覚えている。「わからない」という描写は、疑問や質問になって現れます。あるいはまた、納得いかないという気持ちが言葉や態度に現れる。説明を聞いて「あっ、そうですね」と言うときと「うーん。そうなの、か、なー」と言うときは違うわけです。

高村博之：たとえば、たしか、ゲーデルの巻だと思うんですが、記憶が正しければ、lim（リミット）の記号の書き方について……。

結城浩：はいはいはい。ありましたね。

高村博之：矢印の誤った使い方を指摘しているというのがありましたが、ああいうのはどこからネタを仕入れるんでしょうね。

結城浩：私自身です。

高村博之：そうなんですか。

結城浩：そうです。こういうところですよね。

$$\lim f(x) = \textbf{何々}$$

と書くところを、

$$\lim f(x) \to \textbf{何々}$$

と書いてしまうというまちがいですよね。あれは、私自身が高校時代に疑問に思ったことです。

高村博之：ああ！　そういうものを全部ストックしておいて、物語

に使っているってことですか？

結城浩：そういう表現もできます……でも、それは事実とは違いますけどね。（爆笑）

高村博之：違うんですか。（笑）

結城浩：えーとですね。こういう疑問を自分が抱いたな、と思い出して書いたので、まあ頭の中にストックしたとはいえます。……でも、それを作為的に出したかというと、うーん……。「自然に出てきた」と表現したほうが、私にはしっくりきます。

　あ、でも、いずれにせよ、そのような疑問を抱くのはテトラちゃんだ、とは思いました。

高村博之：うん、そこが万人にはできないところですね。難しい……。

結城浩：私はすごく忘れっぽいんですが、へんなところで、しつこい記憶力があります。たとえば誰かとの会話で、何か納得のいかないことがあると、10年たっても、20年たっても、それを覚えているんです。高校時代にあの人はこう言ったけど、もしかしたら、こういう意味だったのかも——なんていまごろ気がついたりします。

司会者：なるほど……会場のみなさん、他にご質問などありますか？

2.6　対象読者

加藤浩仁：ちょっと中身の話ではないんですが。僕は研究対象が数学ではないので、こういう『数学ガール』のような本を読むと数学的に少しは勉強になるかなと考えたんです。それで、自分の娘にも「こういう本、読んでみるかい？」って紹介をしようかと思ったときに、目標がすごく遠そうに感じました。娘は小学校、中学校なんで……。結城先生は、どの年代を対象としたんでしょうか。

それから、最初のほうは簡単なところから入るので「この辺は中学生でも読めるなあ」と思います。でも、最後のほうは「高校生以上じゃないと読めないんじゃ？」というのも混ざっています。

　結城先生は、いったい「誰が読む」ことを考えて書いたんでしょうか。それとも、そういうこと抜きで書いたんでしょうか。そのあたりが気になりました。

結城浩：えーとですね。うん、それについては、まず「一冊の本を書くとはどういうことか」からお話ししていきます。一冊の本を書く途中にはいろいろなことを考えます。

　まず「一冊の本」というまとまりを作ることを意識します。私はよくこの例を話すんですが、たとえば「レストランにフランス料理を食べに来た」としましょう。そうすると、前菜が来ます。スープが来ます。メインディッシュが来ます。そして、最後にデザートとコーヒーがやってきます。そういう一つの流れがありますよね。最後にコーヒーを飲んで、よかったね、おいしかったねとなる。そうするとフランス料理を食べました、ひとまとまりの料理を食べましたとなる。それがとても大切です。

　そのひとまとまりで、納得感や満足感を感じる。

　「一冊の本」を書くときも同じで、ひとまとまりとして何を伝えるかを強く意識します。

　ところで、そのひとまとまりを作るために外せない要素というものがあります。たとえば『数学ガール／ゲーデルの不完全性定理』の場合ですと、対角線論法の話、形式的体系の話は外せないかなと。それから論理学に触れるために $\epsilon\delta$ 論法（イプシロン・デルタ）はよい題材ですし、$\forall$ と $\exists$ の順番や否定の話は外せません。そういった重要な要素はテクニカルにも重要ですから、ポイントとして外せません。でもそれだけを紹介していてはつまらないので、それに関連した知識として数学に慣れていない人にも興味を持っていただける話を入れるよう工夫し

ています。

　あ、そうそう。極限の話の例として「アキレスと亀」が出てくることが多いのですが、私はそれをやめようと思いました。話としてはとても楽しくて魅力的で、極限を理解しているかどうかを確かめるためにも有用なのですが、かなりうまくやらないと読者を"confuse"させてしまう危険があるからです。それは、数学的な意味での極限がわかりにくくなってしまう危険です。

　「アキレスと亀」の話では、亀を追いかけるアキレスは無限に歩かなければならないように感じます。でも、極限をよく理解するためには「無限に歩くという考え方をやめる」ことが大切だと思うんです。無限に繰り返さなければならない操作を、有限の論理式で表す。そこが重要なのであって、極限を理解するのに「無限」を持ち出さなくてもいいところがすごいんです。

　$\epsilon\delta$論法もそうです。このϵ_1に対してはこのδ_1、このϵ_2に対してはこのδ_2……を無限に繰り返す必要はない。いかなるϵに対しても、これこれを満たすδが存在するっていう保証が重要だと。なので「無限に繰り返す」ということを強く印象づけてしまう「アキレスと亀」の話は入れなかったんです。

　ええっと、いや、正直にいいますと、書き始めたんです。一章分まるまる書いちゃってから「いや、やめよう。これは違う」と思って捨てたんでした。

　そんなふうにあれこれ工夫しながら、ひとまとまりの本を作ろうとしています。そして「しっかり考える読者さん」にも納得してもらい、「あまり数学に慣れていない読者さん」にも楽しんでもらえるようにしています。ひとまとまりの本として満足してもらいたいんです。

　……ずいぶん話がそれちゃいました。対象とする読者さんは誰かというご質問でしたね。メインとなる読者さんは高校生だと思います。高校生の読者さんに「こっちの話はおもしろいね。でもさっき

の部分は難しくてわかんなかった。でも、いつかもう一度読めばわかるかもしれないなあ」というふうに思ってほしいです。高校生か、大学生の一年生くらいでしょうか。

　もっとも、実際に読んでくださっている読者さんの年齢は幅広いです。例外的には小学一年生の子がいますね。まあ、中学生の二、三年生で数学に興味を持っている子から、大学院の先生までですね……ボリュームゾーンは高校生だと思います。理系の子が多いと思います。

　これで答えになっているでしょうか。

加藤浩仁：はい。

2.7　タイトルと部数

角薫：「数学ガール」というネーミングがすばらしいと思います。

結城浩：そうですよね。私もそう思います！（笑）

角薫：あの「数学ガール」というタイトルは結城さんがつけられたんですか？

結城浩：はい、そうです。

角薫：なぜ「ガール」なのか？　が聞きたいですね。　「数学」という単語に対して「ガール」という英単語を持ってきた理由です。「数学」だったら「少女」と来そうなのに。

結城浩：いや、「なぜ」と言われても困るんですが……そもそもの話から始めますと、『数学ガール』という本を書く前のことですが、さまざまな短いお話を Web で書いていたんですね。そのうちに、女の子が出てくる数学の話が集まってきたので、自分の Web サイトで一つのコーナーに集めようと考えたんです。それで、コーナーに

名前がいるなあ……と思い、そのときに「数学ガール」というタイトルを考えつきました。

なんとなく、WebのURLに"girl"という単語をすごく入れたかった。何だか、こう、うん、いいでしょう？（笑）

「数学ガール」というタイトルは思いついたんですが、「数学少女」っていうのは思いつかなかったです。あ、そうそう。一作目の『数学ガール』を中国語で翻訳したときのタイトルは『數學少女』ですね。

「数学ガール」はすばらしいタイトルだと自分でも思います。一作目の『数学ガール』を書いていたときの仮題は『数学ガール —ミルカさんとテトラちゃん—』だったんです。登場する女の子の名前を入れていたんですね。

担当してくださった編集長さんが、これは『数学ガール』と短くしたほうがいいとアドバイスしてくださいました。そのアドバイスはいまにして思えば最高の提案でしたね。大英断。出版社内でもこのタイトルはすばらしいと評判だったらしいです。

川嶋稔哉：「数学ガール・ズ」じゃなかったのはどうしてでしょうか？

結城浩：やはり「数学ガール」ですよ。この物語の場合には「数学ガールズ」はありえないと思います。日本語の語感として。そう思いませんか？

川嶋稔哉：ま、そうですよね。（笑）

司会者：みなさんご存じかもしれませんが、司会者から補足いたします。『数学ガール』と名前が似ているけれど違う作品として、『数学女子』という漫画がありますね。『数学女子』は理学部数学科の女子学生の生態を綴った四コマ漫画をまとめたものです。それから『サイエンスガールズ！』という作品もあって、こちらは研究室の生活を描いた四コマ漫画です。

結城浩：『数学ガール』が出た当時、タイトルに「数学」を持ってきた時点で営業的には厳しくなったはずです。「今度の結城さんの新作は何ですか？」に対して「数式がたくさん出てくる数学の本です」となったら「いやいや、それ、売れるんですか？」となりますよね。普通は。（笑）

でも結果として『数学ガール』は、ある期間でソフトバンククリエイティブさんで最も売れた本になったそうです。出版社さんも大喜びです。

たくさん売れると書店さんも喜んでくださって……特に、大学生協の書籍部さんでは大人気ですね。新作が出ると、シリーズの一冊目から売れるので、書店さんとしても優良書籍として扱ってくださっているとのことで、現在出ている「数学ガール」シリーズのすべてを平台に並べてくださいます。感謝なことです。

さらに、書店さんによっては並べ方を工夫してくださってますね。たとえば原作とコミックスを並べたり、数学書の棚にコミックスを、コミックスの棚に原作を置いたり。原作はちょっと難しいなという人がコミックスを買い、コミックスを見て興味をもって原作を買うというような相乗効果があるそうです。ということで、書店さんから結城あてにお礼のメールをいただくこともよくあるんですよ。

参加者：ちなみに、部数はどれくらいなんでしょうか。

結城浩：ありがたいことに、書籍は累計で15万部も出ています。あれだけ数式が入っている本としてはとても多いと思います。編集さんからは、2012年中に20万部はいくかもしれませんと聞いていますが、どうなるかはわかりません[*2]。コミックスはもっと出ていると思います。

ありがたいのは、毎年コンスタントに同じくらい部数が出ている

[*2] 2013年8月現在、シリーズ累計で22万部。

ことです。つまり、「数学ガール」シリーズが新しい読者さんに読まれているのですね。高校に入った生徒さん、大学に入った学生さんが新たに「数学ガール」シリーズを楽しんでくださっているのだなあと思います。学校の先輩が後輩に、それから先生が生徒に「『数学ガール』、おもしろいよ」と紹介してくださっているのでしょうね。

2.8 ガールの立場

美馬のゆり：読者からの感想がいっぱい届いてらっしゃると思うんですが、その中に数学ガールからの感想もありますか？

結城浩：あ、女の子からの感想ですか？

美馬のゆり：はい。数学好きな女の子からの感想。

結城浩：もちろん、たくさんありますね。

美馬のゆり：最初のころの「数学ガール」は、男子学生が「こういう女の子いい！　まさに自分の理想！」とか、数学の男性の先生が「これこそ自分の気持ち！」というような具合で共感を集めて、かなり広まったように思うんです。

　その一方で、中学、高校から数学が好きな女子もいるわけです。その中に「こんなふうに数学の話ができるお兄さんがいたらいいのに！」と感じる女子もいる。先生に数学を詳しく聞こうとしても放っておかれ、まわりからは変な奴って思われている女子がいるんです。そういう不遇な数学ガールは、実はダークな世界にいるわけですよ。（笑）

結城浩：いま、この会場にいらしている女性のみなさんも、そういう経験をなさっているのでしょうか。

美馬のゆり：私はそうですね。中学、高校と女子高で、数学部部長

を何年間もやってきたもので。

結城浩：数学部部長！ すばらしい。

美馬のゆり：「アキレスと亀」の人形劇をやったりしましたね……友達からは「変人」みたいに扱われてて、あのころに『数学ガール』みたいな本があったら、自信を持って「カミングアウト」できると思いました。

結城浩：読者からの感想メールはとても多いです。きちんとは調べていませんが、女性の割合は高いです。半分とはいえませんが、三割くらいは女性かな……ともかく数学が好きな女性は珍しくありません。「ミルカさんに憧れます」という女性の読者さんはたくさんいらっしゃいますね。男性の場合には、「ミルカさん推し」と「テトラちゃん推し」は半々くらいですが、女性は圧倒的にミルカさん推しが多いです。

美馬のゆり：それは、もちろんです。（笑）

結城浩：女性もそうですが、数学の先生も「ミルカさん推し」が多いかな。

実は「隠れ数学ファン」みたいな方は多いんです。「数学っていいな」と思ったり「数学っておもしろいんじゃね？」と思っている人は多い。でも、カミングアウトじゃないですけれど、そのことを友達になかなか言えなかったりする。

中学生の女の子から「『数学ガール』を友達に勧めたら、おもしろいって読んでもらえて、それから数学話ができるようになった」というメールもいただきました。そんなふうに友達に勧めて読者を増やしてくださるというのは、著者にとってはありがたいことです……そういう読者さんがまた多いんです。

「先生が、『数学ガール』に書かれているように教えてくれたらい

いのに」というメールもいただきます。

椿本弥生：私は原作の表紙がすごく好きです。繊細で、物語性を感じさせる表紙が、すごく好きなんです。表紙をよく見てみると、どれも人物からちょっと距離を置いていて、人の表情が見えないようになっているじゃないですか。そこには先生の意図が何かあるのか、それをうかがいたいです。

結城浩：はい、意図はありますね。「数学ガール」シリーズの表紙を描いてくださっているのはイラストレーターの**たなか鮎子**さんという方です。たいへんすてきなイラストを描く方で、シリーズをずっと描いていただいています。表紙だけでなく、中のイラストもたなかさんです。何というか不思議な雰囲気を出していますね。物語性というか、幻想的というか……幻冬舎から出ている『1リットルの涙』という本の表紙もたなかさんが描いています。もともと絵本を描いている方で、版画もなさっています。

「数学ガール」シリーズは6年で5冊なので毎年およそ1冊ですね。毎年「今回の表紙はどうしましょう委員会」を開きます。メンバーは、編集長と、装丁の**米谷テツヤ**さんと、イラストのたなか鮎子さん、それから結城の四人です。

結城は「メガネをかけていることはわかるけれども、表情は見えないようにミルカさんを描く」という注文をつけました。この微妙なところが——メガネをかけてることはわかる。でも、どういう表情をしているかはわからないところが——いい。私の感覚としては「高校時代に好きだった女の子のことを、大人になってから思い出したときの感じ」というのをイメージしています。印象はよく覚えているけれど、顔がどうこうっていう細かいところは、なぜかぼんやりしている。そんな「追憶」のような感覚も出したいなと思いました。

第1巻目ではまだ方向性が定まっていなかったので、セーラー服

にするかブレザーにするかというところから悩みましたが、最近はかなりお任せで『数学ガール／ガロア理論』では浴衣でお願いしますと言っただけです。

もともと、メガネのキャラクタは難しいらしいですね。たとえばコミックでは、メガネをうまく処理しないと目が隠れてしまって表情を出せないと聞きました。線をうまく省略したり、アンダーリムのメガネにしたりするといったご苦労があるらしいです。

参加者：男性女性の話は、翻訳ではどうなるんでしょう。

結城浩：翻訳では、ちょっとおもしろい話があります。『数学ガール』の翻訳は Tony Gonzalez（トニー・ゴンザレス）さんという方が行っています。その方は非常に優秀な方で、日本語が堪能で以前は日本でゲームの翻訳（ローカライゼーション）を行っていた方です。数学もできるし、教育関係にも通じているということで『数学ガール』の翻訳にはぴったりの方です。

『数学ガール』の原作は日本人の読者向けに書いていますので、それを英語に翻訳するときに細かい調整をしています。たとえば図書館はメディアラボとしています。日本だと語感が変ですが、アメリカだとそちらのほうがなじみがあるということです。

しゃべっている言葉も、ほんとうにアメリカの生徒や学生がしゃべる口調に合わせています。私には区別が付かないんですが、向こうで長いあいだ暮らしている日本人の方が読んで、「ほんとにアメリカの学生さんはこんな感じでしゃべっているよ」と言ってくださいましたね。

それでですね、日本だと「男性一人に女性がたくさん登場する」というのはいわばハーレム的な設定になるわけですが、アメリカでは「女性がたくさん活躍していて "Politically Correct" だ」のようにも見ていただけたという話です。あるアメリカの女性は『数学ガール』を「日本では、こういうすばらしい本がベストセラーになるん

ですね！」と紹介してくださいました。

　まじめな話、『数学ガール』ではハーレム的な意味で女性が多いだけじゃなく、女性がきちんと数学をしている。決しておまけやアシスタント的じゃないんですね。

美馬のゆり：あちらではメディアでそういう点を気にしますね。たとえばドラマで女性と男性の比率がどうなっているか、女性が常に補助的で全員ハウスワイフになっていないか、など。人種のこともあります。どのような人種がどう入っているか。たとえば、セサミストリートはそういう意味でいろんな人を混ぜています。ハンディキャップがある人も入っていますし。ですから、女性がリーダーとして入っているのは、いわばポイントが高くなる。

結城浩：そうみたいですね。ともかく、翻訳では不自然にはならないように、でも広い意味でのローカライゼーションを行っています。ですから、ぜひ比較してお読みください——と宣伝しておきます。（笑）

2.9　情報ガール

美馬義亮：ちょっといいですか。「数学ガール」では、結城さんが詳しいプログラミングなどから題材をあまり持ってこられていませんよね。『数学ガール／乱択アルゴリズム』などでは情報数学っぽいところがちょっとうかがえますけれど。コンパイラや、自然言語処理や、オペレーティングシステムとかおもしろい話になるかもしれないけれど、ひょっとしたら古くなっちゃうから取り上げないのかな……とそんな気がしました。

結城浩：はい、確かにそういう面はちょっとあります。実は、「数学ガール」の世界には携帯電話が出てこないんですね。

参加者：あー。

結城浩：なぜかというと、携帯電話は近い将来にたぶんポケベルみたいになるからです。いまはポケベルって誰も使いませんよね？ 小説にポケベルが出てきたら何となく古くさくなります。当時は新しさを出したのかもしれないけれど、いまとなっては古い。

　うまく行くかどうかはわからないんですが、「数学ガール」シリーズでは、そのようなすぐに色あせる新しさを出さないようにしています。登場人物のひとり、リサちゃんはノートパソコンを使っているんですが、本文中では「パソコン」という言葉を使わずに「ノートブック・コンピュータ」と、逆に古めかしい言い方をしています。これは意識的にそうしています。

　アルゴリズムの本を書く人がみなさん苦労するところは「どういう言語を使って書くか」です。クヌース先生は、自分で仮想的なコンピュータを作って、そのコンピュータのアセンブラを使ってアルゴリズムの本を書きました。まあ、そこまでやるのはどうよとも思うんですが……『数学ガール／乱択アルゴリズム』を書くときにたとえばJavaやPerlを使ってもよかったんですが、自分でPascal風の簡単な言語を作ってアルゴリズムを提示しました。

　実際の言語とは切り離して閉じた世界にしたのは、時代が移って世の中からJavaやPerlがなくなっても、その影響を受けないようにしたかったからです。

美馬義亮：ということは、『情報ガール』はちょっと難しいですか？

結城浩：実はですね、LaTeXで有名な**奥村晴彦**先生から「『情報ガール』もあったらいいな」と以前ネットで言われたんです。

　この『数学ガール／乱択アルゴリズム』は、奥村先生のそのお言葉に対する結城なりのお返事として書いたんです。プログラミングを担当してくれる少女としてリサちゃんが登場しています。この娘

は情報ガールに近いでしょうね。ただ、「数学ガール」の世界に入ると数学がメインになっちゃうので、「アルゴリズムの解析のために数学を使う」のがこの本のテーマになりました。この題材の選択は絶妙だと自画自賛しています。（笑）

でも、「情報ガール」は難しいですね。工学的な側面をどのように入れるかという点からして難しいです。

『数学ガール／乱択アルゴリズム』は賛否両論で、「これまでの『数学ガール』は難しかったけれど、やっとわかる本が出たよ」という読者さんと、「何だかつまんないな」という読者さんの両方がいらっしゃいました。私は、その両方がいらしたというのは作品の広がりとしてうれしかったです。

つまんないという理由の中には「日常に近すぎるから」という意見があって興味深かったですね。ふだんプログラムを書いてる人からは「いつもの『数学ガール』ならピュアな数学の世界で遊べたのに、これじゃ、いつもの毎日じゃん」と言われました。（笑）　これには、なるほどなあと思いました。情報工学的なものを扱うのは難しいですね。

これに近い話として『物理ガール』はどうかというのもあります。もちろん検討したことはありますけれど、すごく難しいです。物理ガールで何が難しいかというと「実験」が難しい。

「数学ガール」はいわば理想気体のようなものなんです。純粋に頭の中だけで考えて「これはこうだ。これとこれは同じだ。あっちとパターンが同じだ」という進め方ができると思っています。定義をそろえれば、とてつもなく異なる世界が一つになったりする。

それに対して物理学。私の理解では、物理学の非常にコアなところには「実験」があると思っています。自然科学ですから、仮説を立てて、それを確かめるのが「実験」です。私は、「数学ガール」で考えていた枠の中にその「実験」をうまく入れられなかった。わざとらしさをどうやって排除するのかがわからなかった。フィクション

なら、実験データをいくらでも作れてしまいます。どうやって「実験」というもののリアリティを担保しながら、物語を紡ぐのか。その物語はちゃんと「本物の物理学の香り」を放つことができるのか。

そこで、うーんと考えて『物理ガール』の企画は止めてあるんです。いつの日か、私が名案を思いついたら書くかもしれませんが、誰かが先に物理学を題材にしたよい物語を書いちゃうかもしれませんね。

誰かさんの『物理ガール』がもし出てきたとしたら、そのときに私がまっさきに調べたいのは「実験をどのように扱ったか」です。

物理学における「実験」は、一つの本質だと思います。実験を介して理論を検証する。実験こそがリアルな世界との接点であり、頭だけでは勝負できない物理学の難しさと魅力がそこにあるはずです。そこをしっかり解決しないと『物理ガール』のおもしろさは出ない。私はそう思っています。

2.10　学生との対話

司会者：教員ばかりが質問しているようなので、ぜひ学生さんも。

結城浩：学生さんもそうですが、発言していない人にぜひ発言していただきたいなと。

新美礼彦：学生から質問なければ、ぜひ質問したいんですが……。

司会者：それでは、新美先生どうぞ。

新美礼彦：未来大の教員をやってる者ですが、大学の教員やってるってことは、自分で問題を見つけ、発見方法を見つけ、「俺はこんなにおもしろい解き方見つけたぞ」と思うところがあるわけです。大学では授業があって、教えるためには教員は学生よりは多少まじめに勉強するわけで、「ここは難しかったが解けるようになったぞ」

とか「これがわかるようになった」とか「こういう教え方ならうまくいくんじゃないか」……のように考えるわけですよね。でも、そういったもの、全部うめこむのって難しいじゃないですか。

結城浩：全部うめこむ……と言いますと？

新美礼彦：そうですね、たとえば……いろいろ発見した、こんな発見があった、あんな発見があった、難しいこともこんなに易しくできた、というのを学生に伝えたい。授業・本・自分の経験・見つけたこと……それらを、ここまで知ってほしい、感じとってほしい。できれば全部知ってほしい——そういう、まあ欲張りな願いがあります。でも、学生から——読者からみると情報量が多すぎるのかなと。

　結城先生の本を見ているとトピックスを削っているじゃないですか。説明は削らない。トピックスだけを削っている。それってけっこうすごいなと思います。

　たぶん普通は説明のほうを削り、トピックスを残してボリュームを出すと思うんですが……。

結城浩：すばらしい質問ですね。そのテーマだけでいまから三時間くらいしゃべれます。（爆笑）

　実は、そこはとても大切なところだと思っています。

　まずは、先生のおっしゃる通りです。

　私が「説明を増やしてトピックを削る」というところで、多くの先生は「説明を削ってトピックを増やす」と思います。

　数学に堪能な先生や、知識が豊富な先生が陥りやすいまちがいは「すべてを伝えようとする」というところにありそうですね。

　読者をもう少し信頼してもいいんじゃないかな、と私は思います。教師の仕事は「火をつけること」です。「ここにおもしろいものがあるよ」って言うだけで十分。みんなはそれを見て「ほんとうだ、おもしろいね」と言う。

先生がやってみせようとしたら、生徒のほうが「ちょっと待って！　先生だめ！　オレがそこやる！」のように言ってほしいんです。だったら先生がぜんぶ言っちゃだめです。

　ぜんぶ言うのではない。絞りに絞った重要なトピックを一つだけ、ていねいに教える。そしてそこを「ほんとうに」わかってもらう。生徒は先生のやってるのを見て、「ほんとうに」わかったなら、自分もやってみたくなるんです。

　ああやってああなるんだから、こうやったらこうなるんじゃない？——と思ってほしい。そう思ったら、生徒は黙ってないです。「先生！　オレできるよ！」って言いたくなる。

　その「ほんとうにわかる」という塩梅が難しい。そこが命で——

美馬義亮：——そこ！　そこで一言いいたい。「わかってる」と思っていても、実は「わかってない」ことが非常に多くて……

結城浩：生徒が、ですか？

美馬義亮：はい、生徒さん……ま、私自身もそうですけど。それで「わかってない」のに「わかってる」と思い込んでいることが多い。

　結城さんの本を読む人は、そのまますうっと読んでいってかまわないわけですよね。たとえ、大事なところをすっ飛ばしてる可能性があったとしても……。

　でも、われわれ教員としては、生徒さんのそういうところをウォッチして、「そこ、飛ばしたよ」って言いたいんですよね。

　だから、授業と本というのはメディアとして違うんじゃないかな……と。

結城浩：もちろん、メディアとしては違いますね。

　私はいま毎週メールマガジンを出していて、その中でよく「教えるときの心がけ」という読み物を書きます。そこでは先生と生徒とのやりとり……対話が題材になります。

先生が「わかっているかな？」と尋ねて、生徒が「わかりました」や「わかりません」と答える。そのやりとりは非常に本質的なものを含んでいます。

　先生と生徒が一つの空間にいます。

　ベテランの先生は、生徒の顔を見回して「この生徒はわかってる」や「あっちの生徒はわかってない」ということをささささっと見てとることができます。生徒の頷くタイミングなどから判断して、全体の何割くらいがわかったかを察知できる。

　でもベテランじゃない先生は、生徒の理解度をはかるのに失敗する。で、生徒がわかってないのに難しい説明に進んでしまい、みんなをおいてけぼりにする。

　生徒ひとりひとりは「どういう意味なのかな……でも、みんなわかっているみたいだなあ……わかりませんって言えないなあ……」となる。そうなっちゃったら、先生の説明はもう聞かないです。

　書籍と授業でメディアの違いはありますが、「メタ情報」をどのように提示するかが重要だと思います。先生が「いいかい、いまからちょっと難しい話をするよ。ジャンプするよ。でも、すぐはわからなくてもいいところだからめげないでね」というサインを出す。そうすると、それが手がかりになって生徒はとても授業を聞きやすくなる。安心して聞き流せるからです。

　A,B,C の三つを話すとき、B がちょっと難しいとしましょう。A,B,C を同じ調子で淡々と説明したら、ぜんぶが同じ難しさに聞こえる。そうすると、B で「あれ、わかんないや」となった生徒は、C をもう聞いていないかもしれない。あきらめちゃって。ちゃんと「B は難しいよ」というメタ情報を与えなくちゃ。

　それは――ちょうどいま、こうやって私はみなさんの顔を見渡しながら話してますよね。みなさんの顔を見ていると「納得している人」と「ピンと来ていない人」がよくわかるわけです。で、ピンと来ていない人が多いときは少し話を具体的に変えるし、納得してい

る人が多かったら、少し抽象度を上げて飛躍してみる。直接 "Face to Face" で対話していると、そういう調整ができますね。それがリアルタイムのやりとり……対話の最もよいところだと思います。

　非常に残念ながら、書籍ではそれができない。著者には、読者さんが読んでいるときの反応は見えません。ですから、いかに自分の中に読者さんがいるかが大切になります。

　本を書いて、自分で読み直します。そのときに自分の中の読者さんが「ん？」と疑問に思うとしますよね。その場所は、本になった後、実際の読者さんがやっぱり「ん？」となる部分です。その読者さんのモデリングがうまくいけば、たくさんの人に読んでもらえる本が書けるのだろうなと思います。

2.11　完食率

美馬義亮：本の場合には、関心を持ち続けられればよくて、読んでいて、ちょっとぐらい論理的に飛んでいても、また帰ってきて勉強するようならそれでいいですよね。

　でも、授業はちょっと違うんですよ。何が違うかっていうと、テストしちゃうところが。

結城浩：テスト？

美馬義亮：テスト。テストをして「キミキミ、ここできてないよ」とかいうわけです。

結城浩：テストっていうのは具体的にはペーパーテストのことですか？

美馬義亮：はい、そうです。試験です。最後にそこで理解度を見るわけですよ。チェックを入れるわけですね。残酷にも。

結城浩：授業って毎回テストするんでしょうか。

美馬義亮：そういうときもあります。授業によりますね。

結城浩：先生が教えて、一回授業が終わるごとにテストがあるのですか。えっと、ちょっと思ったんですが、そのときテストされているのは生徒じゃなくて先生になりますよね。

美馬義亮：両方ですね。学生と教員、両方です。

結城浩：生徒が悪い点を取ったっていうのは、先生の教え方が悪いってことですよね？

美馬義亮：もちろんそうです。そうなります。

結城浩：生徒は先生の授業を「聞く自由」と「聞かない自由」がありますね。

　本を出す側として、私はいつも「読者の自由」について思います。読者はいつも「買う自由」と「買わない自由」を持っています。それからたとえ買ったとしても、任意の時点で「本を閉じる自由」も持っています。

　自分の本を買っていただくのはうれしいですが、「書店で買ったけど読まない」というよりは「図書館で借りて読んだ」のほうがずっとうれしいかな。途中で読みたくなくなってやめちゃったというのは、残念ですね。ちゃんと読んでもらえればうれしい。

参加者：結城先生の本は、ちゃんと読むとかなり難しいですよね。もし本を食べ物だと思ったら、完食率はどのくらいなのか……。

結城浩：かんしょく？

美馬のゆり：ぜんぶ食べたのかってこと。

結城浩：ああ、完食！　それは非常におもしろい概念ですね。

完食率はわかりませんが、そもそも「何をもって完食とするのか」はよく思います。

　「数学ガール」の一番楽しい読み方というのは「再読」なんです。

　一回読みました——あっちもこっちもわかりませんでした——でも一年後にもう一度読んでみたら、けっこうわかるところが増えていました——というのは、大きな喜びだと思うんですね。去年はわからなかったけど、今年は $\epsilon\delta$ 論法がわかるようになった！　みたいな喜び。

　読者さんの中には「数学ガール」を再読する喜びを味わった方が結構いらして「来年もう一度読み返すのが楽しみです」っておっしゃる。来年もう一回読むんですよと、うれしそうに言う。それは著者にとっても、もちろんうれしい。図書館で借りたけど何度も読みたいから買いました、というのは私の経済的にもうれしい。（笑）

　何をいいたいかというと「完食」のように「本を終わりまで 100 パーセント理解する」ことが本の読み方とは限らないのですね。

　読んだ。わからないところがある。でも、全体としてはつかんだぞ、と。そういうのが大事だと思います。

　それもあって「数学ガール」では、最終章が一番難しいです。これまでの最難関は『数学ガール／ゲーデルの不完全性定理』の最終章だと思います。これを完読したという人はとても少ない。ほとんどいないといっては言い過ぎですが。

　大事なのはですね、ここにゲーデルの証明が載っていて、読者がそれを実感するということです。「ページをめくっただけだったよ」「四十数個の定義が載っていたよ」「最終章は読めなかったけど、そこまではたどり着いたよ」いろんな実感の仕方はあるけれど、読者がその実感の中からある種の納得を味わうわけです。

　『数学ガール／乱択アルゴリズム』も似ています。乱択クイックソートが最後に出てきて、読者は「難しいけれど、一通りながめたよ」といえる。

『数学ガール／フェルマーの最終定理』もそうです。フェルマーの最終定理の証明が詳細に書かれているわけではない。でも、最も大きな論理構造はわかったといえる。そうすると、フェルマーの最終定理という難しそうに思えたものが、何だか身近に感じられる。近寄ることができたと実感できる。今日まではフェルマーの最終定理のステートメント（主張）しか知らなかった。でも、もう違う。僕は「証明が背理法を使ってる」ことを知ってる！

　そんなふうに、どんなレベルでもいいから「私はこれを読みました」というひとまとまりが大切なんです。

　今回の『数学ガール／ガロア理論』でもそういうものがあります。ガロア理論はすごく難しい。そして、最終章はガロア理論の話です。

　あるレベルで「ガロア理論を読んだ」といえるまとまりって何だろう……私はこれを一年間考えました。今回の最終章ではどうしたかというと、ガロアの論文をそのまま持ってきたんです。つまり、ガロアが決闘の前日も手を入れていた論文です。まちがいを見つけて急いで直していた論文です。でも、明日は決闘です。ガロアは「時間がない」と論文にメモをする。っと、ごめんなさい、この話すると涙が……（間）

　『数学ガール／ガロア理論』の最終章には、ガロアが「時間がない」と言いつつも修正していたその論文を持ってきたんです。

　ガロアの本を書くとなると、普通は「ガロアの決闘」とか「ガロアの恋愛沙汰」にフォーカスを合わせます。そのほうがおもしろいと考えるから。数学はつまらないと考えるから。

　でも。

　私は違う、と思いました。

　私は、ガロアが「明日死ぬかもしれない」と知りつつ直していた論文のほうが重要じゃないかと思ったんです。

　ガロアは「時間がない」と書いた。そして、まさにその「残されたわずかな時間」を使って書いていた論文がある。ガロアが論文で

主張したことは何だろう。ガロアはどこを直したんだろう。そういうことを書きたかった。

あるレベルで「ガロア理論を読んだ」といえるまとまりは何だろうかと考えていた。ガロアが書いていたその論文を持ってきたらどうだろうと気づきました。

その論文はガロアの「第一論文」といわれています。その第一論文には「代数方程式が解けるための必要十分条件」が書かれていて、そしてその証明は「4つの補題と5つの定理」から成っています。

4つの補題と5つの定理。

この「4つの補題と5つの定理」を読んだなら、「私はガロアが主張した最も大事なところを読みました」といえると私は考えました。

だから、私は『数学ガール／ガロア理論』の最終章にそれを持ってきました。

残念ながら、ガロアの時代にはまだ体の理論も群の理論もありません。なぜかというと、ガロアが生み出したものを後の数学者が整備したからです。

ガロアが書いたものをガロアの表記そのままを使っていくとなかなか読みにくくなる。現代の数学からの光も当てながら数式を書けば読みやすくなる。そこで、ガロアの「4つの補題と5つの定理」を、ガロアが述べた順番はそのままにして、ステートメントは現代風に直して書くことにしました。

証明を全部することはできませんから、代わりに例を出しました。そして、テトラちゃんのように根気よく読んでいけばわかるくらいの難度にして、「なるほど」と最後に言ってもらいたいな——と思いました。実際に「なるほど」まで行くには数学の素養がないとつらいかもしれませんが。

でもたとえ「なるほど」とは言えなくても「ガロアが決闘前夜に直していた論文の4つの補題と5つの定理を私はながめたぞ！」とは言えるようにしたかった。そのような実感を得ることができる。

そのような納得感を得ることができる。そうしたかった……あれ、なんでこんなに涙が出てくるんだろ……（間）

美馬義亮：だから、トピックスは飛ばしてもいいということですね？

結城浩：そうそうそうそう。そうなんです。ちゃんと話を戻してくださってありがとうございます。（笑）

　おもしろい話があります。ガロアがやったことはやっぱりすごくて、本質的なことがたくさんあるんですよ。

　さっき3次方程式のところでラグランジュの話をしました。3次方程式の解の公式を求める途中で、ラグランジュ・リゾルベントというものが出てくるんです。それでですね、ガロアの第一論文のまんなかにちゃんとこのラグランジュ・リゾルベントがどーんと出てくるんです。

　歴史的には諸説あるそうですが、私はガロアがきちんと巨人の肩に乗った証拠だと思っています。ラグランジュが研究したことを踏まえてガロアは考えていた。

　ラグランジュは、それまでの2次方程式、3次方程式、4次方程式の解の公式を調べて、こうやって解くのだと解法を整えた。そしてそれを論文に書いた。でも5次方程式についてはわからなかった。アーベルが一般の5次方程式が代数的に解けないことを証明した。

　でも、ガロアはさらに先を行きました。どんな代数方程式でもいい。これを調べれば代数的に解けるか解けないかが判定できるという必要十分条件を見つけたんです。その証明のどまんなかにラグランジュ・リゾルベントが出てくる。これは、とてつもなく大きなドラマだと思うんです。そして……ごめんなさい、その話をしているとやっぱり涙が……出てくるわけです。

　決闘前夜にがんばって直していた第一論文。それが現代にちゃんと残っている。伝わっている。ガロア生誕200年目には間に合わず、201年目になりましたけれども、ガロア理論の本を出せたこと

は、私にとって大きな喜びです。

2.12 次のプランは

司会者：ええと、この盛り上がりの後に学生から質問するのも厳しそうですが、なにかありましたら……はい、どうぞ。

松村耕平：「数学ガール」の魅力なんですが——あ、まだ一冊しか読んでないんですけど、「キャラに乗り移る感覚」に加えて「数学への理解度のチェック」というところもあるなと。

ぜんぜんわからないところは、テトラちゃんすらなりきれなくて「読者」の立場になっちゃうんですが……少しだけわかっているところは、テトラちゃんになる。それで「僕」とかミルカさんに知恵を乞う存在になりますよね。もともと知ってたよという部分はむしろ「僕」みたいな気分で読むわけです。ミルカさんにはちょっとなれませんが。そういう数学の理解度に応じてキャラに乗り移る感覚が魅力だなと思いました。

ちょっと危惧しているのは、テトラちゃんがこれから成長していっちゃって、読んでてテトラちゃんにもなれなかったらどうしよう（笑）って。

これから「数学ガール」が巻を伸ばしていくにあたって、初心者キャラが出てくるのかなとか。いろいろ妄想してました。質問じゃないですね。（笑）

結城浩：はい、質問じゃないですね。（笑）　でも、よくわかります。

「数学ガール」に出てくるのは、みんな良いキャラでがんばってくれていますね。本ができると、編集者さんたちと打ち上げをします。そのときに「今回はユーリ、最後までよくがんばったよねえ」なんてことをみんなで話し合うんです。

いつのまにかガロア理論まで来てしまって、数学的な内容はけっ

こう難しくなってきて、どうしようか……ということはもちろん考えています。この数年間は、「数学ガール」のことしか考えていなかったので。

　進む方向はいくつかあるんですが、まだ秘密なことがたくさんあるので、これからをどうぞお楽しみに。あっと驚くことは四つくらい考えているんですけれど、そのうちの二つくらいが最終候補に残っていて、おそらくそのうちの一つを「なるほど、こういう解決方法があったのか」という形で、たぶん一、二年後に出せるかなと思います。

松村耕平：ガロアの次のプランっていうのも……あったりする？

結城浩：もちろん、あります。

司会者：学生さんからは、何かないですか？

権瓶匠：んじゃ、すいません。みなさんの質問とはちょっと違うんですが。「テトラ」とか「ユーリ」とかは割合に数学に近いものの名前を使っているように思います。でも、他のキャラの名前は数学の用語なのかな……と思って調べたけど、ぜんぜん出てこなくて……キャラの名前の由来はあるんでしょうか。

結城浩：それ、よく質問をいただくんですが、みなさん興味あるんでしょうか。（笑）　由来はパブリックにしていないので、ここでも秘密です。

権瓶匠：わかりました。ありがとうございました。

結城浩：すみません。

権瓶匠：でも、由来はあるんですか？

結城浩：由来があるかどうかを含めて、ノーコメントです。実は本

の中にヒントが隠されているのか……も秘密です。こんなふうにいうとヒントがありそうですよね。でも、ノーコメントです。（笑）

2.13　相手のことを考える

権瓶匠：また違う話なんですが。

　塾講師のバイトで中学校一年生に対して数学を教えていたことがあって、四年くらい前なのにいまでも記憶に残っていることがあります。たとえばxセンチメートルの紐があるとき、3センチ引いたら何センチになりますかっていう問題。これはほんとうに中学校一年生で習う1次方程式の簡単な問題ですよね。でも、何回説明してもなかなかわからない生徒がいたんです。たとえば5センチメートルから3センチメートル引いたら、5から3を引いて2になるよねって教えます。で、xセンチから3センチ引いたんなら、xから3引いてx－3だよね、とそう伝えてもなかなかわからない。

　私自身も、一年生のときはそんな感じでx－3がわからなくて、5－3みたいに具体的な数で理解したんですが、その方法で教えてもまったくわかってもらえない。

　わかりやすく教えようとして、自分自身が解決した方法を伝えてもわかってもらえない状況ってあると思うんですが、そういうときにはどういう工夫をするのか、そのあたりに興味があるんですが。

結城浩：そこには秘密が一つあります。「相手のことを考える」っていう秘密です。すべてのことはそれに尽きるんです。

　教えた生徒は「わからない」と表現をします。実際にわからないんですけれど、何がわからないのか言ってくれないときというのは、生徒さんは「どうわからないか」を説明できないわけですね。それは無理もない話で、どうわからないかを説明するのは難しいものですから。

先生の側というのは、限られた情報から、なんとかして「どうわからないか」「なぜわからないか」「どう伝えたらわかるか」を発見しなければいけない。隠されたポイントを探しあてなくてはいけない。
　その探索には秘密はありません。万能の方法はない。ケースバイケース。
　探索の途中で見つかることがあります。たとえば先ほど出た例ですと、自分は$x-3$を理解するのに$5-3$という置き換えで理解しました。でもその「わかった」というプロセスの中にはまだブラックボックスというかギャップが隠れていたんだと思います。そうですね……ええと、$5-3$から$x-3$に至るまでにはたぶん7ステップくらいある。
　生徒さんはそのステップのどこかでひっかかっているのかもしれません。自分はするっと通ることができたどこかで、です。
　まあ、それ以前にxというものに対する嫌悪感、あるいは数式に対する不信感があると話は終わっているんですが……。
　生徒さんがどこで、何に引っかかっているかを見極めるのはお医者さんの診断に似ています。とても個別的であり、ケースバイケースだと思います。
　私は教育学も何も知らないので、直感的な話ばかりで申しわけないのですが、そのように感じます。
　先生と生徒。そのあいだのやりとり……対話を通して、どこで引っかかったのかを見極める必要があります。
　自分の「わかった」というプロセスをそのまま生徒に押しつけるわけにはいきません。自分はこういうやり方でわかったから、生徒も同じやり方でわかるはず、とはいえない。自分の「わかった」という感覚をさらに分解して調べることも必要かもしれません。自分とは違う考えを生徒が持っている可能性も高いわけですよね。自分の考えを生徒に押しつけることはできない。
　「相手のことを考える」これが秘密です。

著者は、読者のことを考える。
　教師は、生徒のことを考える。
　相手のことを考える。
　これがコミュニケーションのすべてだと思いますね。

権瓶匠：ありがとうございました。

参加者：いまのお話を聞いていて思ったんですが、「相手のことを考える」というとき、本の場合にはキャラクタが問題を言うわけですよね。「こういうことがわかんない」って。

結城浩：そうですね。

参加者：たぶん、結城先生の頭の中ではキャラクタが動いている感じ？

結城浩：そうです。もちろん、そうです。

参加者：とはいっても、物語の流れはやっぱり結城先生自身の手で書くんですよね。だから、キャラクタの頭の中についても、結城先生の頭が考えているわけであって……わからない問題をどのように解決するかというのは、結城先生が導き出すんだと思うんですが。

結城浩：私自身は導き出してないですよ。彼女たちがやることを私は書いています。ほんとうにそうなんです。どういったらいいのか……私自身はほとんどコントロールしていません。彼女たちの活動を整理するくらいで……「あなたはこう考えなさい」という指示は不可能です。

参加者：ええっと、そうじゃなくて……ある内容をキャラクタがわからないとしてもですね、そこに疑問を持たれると説明がすごくめんどうくさくなるってことはないんでしょうか。

結城浩：いやいや、そればっかりです。「かんべんしてよ、テトラちゃん」ということばっかりですね。（笑）　「確かにそこはわかりにくいけど……そこまで突っ込んで聞いてくるのか！」みたいな。（笑）　そういうことばかりです。だから、勉強しなきゃいけなくなるんです。ほんとうにそうです。「どうしてそんなことがいえるんですか？」とテトラちゃんから聞かれてばかりで。（笑）

参加者：ああ……いや、実はそういう説明しにくいところは省いて、説明しやすいところだけを書いてるのかなと思ってたんですが。

結城浩：そんなことをしたら、わけのわからない本になってしまいます。たぶん、読者も同じことを考えるんですよ。テトラちゃんと同じように素朴な疑問を抱く。でも、その疑問に対して答えがなかったなら、わけのわからない本になる。

　そうそう、読者さんからいただくメールで「心に浮かんだ疑問がことごとく登場人物によって指摘されるのに驚きます」というのがよくありますね。特に極限や $\epsilon\delta$ 論法のあたりですかね。

　「こうなるんじゃないかな」と読者さんが思ったとたん、文中のテトラちゃんが「こうなるんじゃないんですか？」と騒ぎ出すみたいに。

　ですから、書く側としては「かんべんしてよ、テトラちゃん」ということばかりなんですが、がんばってそれに答えようと努力しなくちゃならないです。

参加者：わかりました。ありがとうございます。

司会者：それでは、そろそろ、プログラム最後のサイン会に進ませていただきます。結城先生、ありがとうございました。（拍手）

結城浩：ちなみに、今回のお話はおもしろかったですか？

参加者：（拍手）

発言者一覧

上野　嘉夫		未来大教授
角　薫		未来大教授
角　康之		未来大教授
高村　博之		未来大教授
美馬　のゆり		未来大教授
加藤　浩仁		未来大准教授
新美　礼彦		未来大准教授
美馬　義亮		未来大准教授
沼田　寛		未来大講師
椿本　弥生		未来大特任講師
松村　耕平		未来大研究員
権瓶　匠		未来大修士1年
川嶋　稔哉		東京大経済4年

※所属は 2012 年 5 月現在のものです。

第 II 部

「さる勉強会」講演

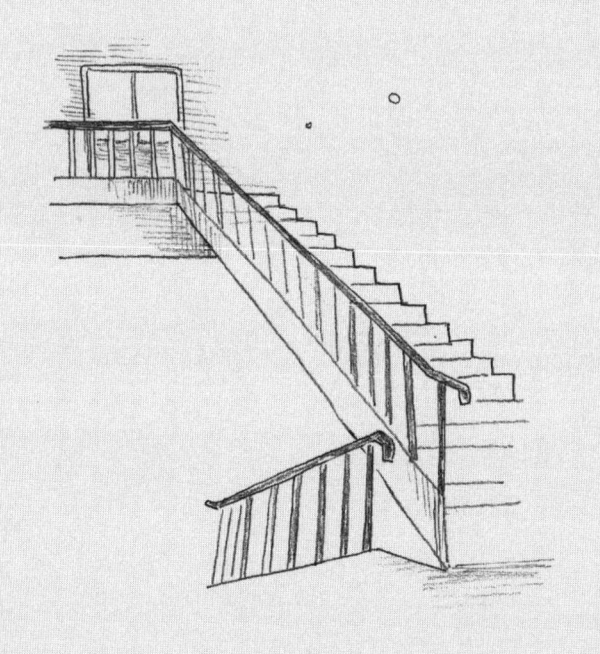

第3章
講演「数学ガールの誕生」

「さる勉強会」の会場には、
すでに編集者・出版関係者が集まっています。
参加者ひとりひとりの顔が見える距離で、
「数学ガール」を巡る《旅》を始めましょう。

3.1 講演

「数学ガール」作者の結城浩です。（拍手）
さっそく講演に入りたいと思います。（スライド表示）

数学ガールの誕生

2012 年 12 月 8 日
結城浩

初めにお願いがあります。結城は顔出し NG ということで、写真撮影などはご遠慮ください。よろしくお願いいたします。
それから、後でブログなどに「結城さんに会ったよ！」と書くのはいいのですけれど、リアルタイムで「結城さんが都内のドコソコ

なう」などとつぶやくのはご遠慮ください。（笑）プライバシーの問題ということで、どうぞご配慮ください。

さて、今日は講演という形でお招きいただき、ありがとうございました。ここにありますように「数学ガールの誕生」というタイトルでお話しいたします。

スライドを作りすぎたようなので、ちょっとスピードを上げていきます。油断をすると見失うかもしれませんので、ご注意くださいね。

3.2 《旅》の始まり

まずはじめに、今日の《旅》を説明しましょう。（スライド表示）私たちはこれから《旅》をします。

その《旅》の中で、著者の話、作品の話、読者の話、それからコミュニケーションの話をしていきたいと思います。

旅
- 著者
- 作品
- 読者
- コミュニケーション

まずは、**著者**ですね。（スライド表示）ここ、ここは笑うところなんですよ。（笑）はい、ありがとうございます。これが著者のアイコンです。たびたび出てきますよ。

> **著者**

それから、**作品**でした。（スライド表示）　これが作品のアイコンです。

> **作品**

次は**読者**です。（スライド表示）　作品の向こうに顔が覗いていますね、これが読者のアイコン。

さて、もう一つ。もう一つは何だか覚えていますか。

読者

　はい、そうですね。**コミュニケーション**です。（スライド表示）これをコミュニケーションのアイコンとしましょう。

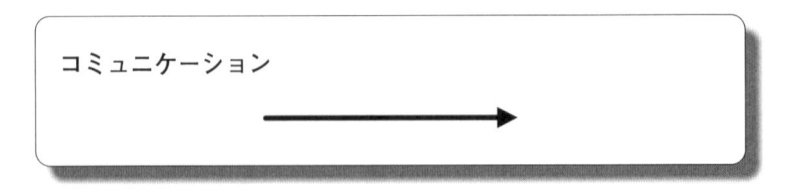

コミュニケーション

⟶

　以上のように紹介したアイコンをまとめて《旅の地図》を作りましょう。これが、旅の地図です。（スライド表示）　著者と、作品と、読者と、そして、コミュニケーション。よろしいですね。今日のお話はこの《旅の地図》を中心に巡っていきます。

旅の地図

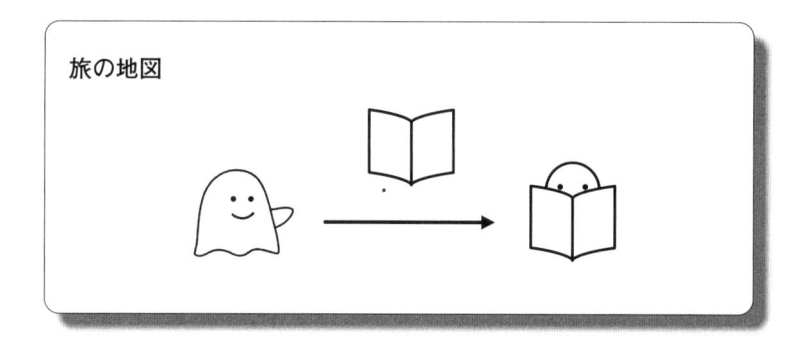

3.3 著者

まず著者について話しましょう。

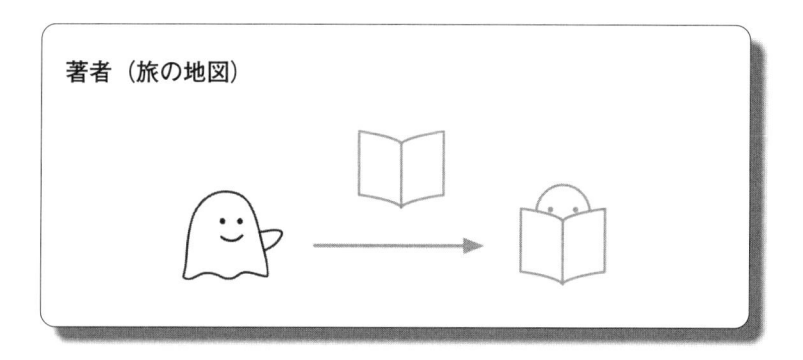

著者（旅の地図）

著者は「書く人」です——ですよね？

でも、ただ書くだけの人ではありません。「作品について考える」人でもあります。

> **著者**
> - 著者は、書く人
> - **作品**について考える人

はじめに、私の話をしましょう。私が著者としてどういう作品を書いてきたか、という話です。（スライド表示）

> **結城浩の作品**
> - 1993 年から書籍を刊行
> - 約 20 冊（改訂を含めず）
>   – プログラミング言語入門書 (C, Perl, Java)
>   – 暗号入門書
>   – 数学入門書（今日の話はここがメイン）
>
> ※詳しくは後ほど

私は 1993 年から書籍を刊行しています。処女作となる『C 言語プログラミングのエッセンス』を刊行したのが 1993 年ということですね。

先ほど数えてみたんですが、私が書いた本はだいたい 20 冊ぐらいありました。なぜ「だいたい」かというと、《上・下巻》や《基礎編・応用編》などが出てくるため、何を一冊として数えるかはちょっとややこしくなるからですね。ほんとうにややこしくて《改訂第 3 版》や《増補改訂なんとか版》というのもあったりするんです。（笑）

純粋に冊数で数えるとたぶん倍ぐらいになるでしょうか。ユニー

クなタイトルという意味では、20点というところだと思います。

　私は主に、プログラミング言語の入門書を書いていましたが、それだけではなく、暗号技術の入門書を書いたり、最近は数学の入門書・啓蒙書を書いています。今日の話も数学の本がメインとなります。講演の後のほうでもう少し詳しくお話ししますね。

　さて、著者は、何に注意して本を書くべきでしょうか。（スライド表示）

何に注意して書くか

- 文章の**基本**
- どんな**順序**で書き、どんな**階層**を作るか
- **数式**や**命題**をどう書くか
- どんな**例**を作るか
- どう**問い**かけて、どう**答え**るか
- **目次**と**索引**をどう作るか
- **たったひとつの伝えたいことは何か**

　「てにをは」などに注意するという文章の基本、それから、どういう順序で書いてどのように階層分けをするか、数式や命題をどう書くか、どんな例を作るか、どう問いかけてどう答えるか、目次・索引をどう作るか……。著者は作品としての本を書くときに、このようなことに注意して書きますね。

　一つ一つの文字に注意する顕微鏡的な配慮も必要ですし、逆に全体に目配りすることも必要でしょう。著者が注意すべきことは多岐にわたります。

　書くときには、その本における《たったひとつの伝えたいこと》は何か——それを著者が強く意識することが大切です。《たったひ

3.3 著者　137

とつの伝えたいこと》を意識する。これは大切ですよね。

　ではその《たったひとつの伝えたいこと》を伝える相手は誰か。もちろん、読者です。自分の本を読んでくれる読者。ですから、著者というのは読者のことを考える人でもある。それも著者の仕事です。

　著者は「書く人」である。「作品について考える人」でもある。そして「読者のことを考える人」でもある。

　あたりまえのようですが、これらはとても大切なことです。（スライド表示）

著者

- 著者は、書く人
- 作品について考える人
- **読者**のことを考える人

　さて「読者のことを考える」といったとき、そこには三つの観点があります。それは「知識」と「意欲」と「目的」です。（スライド表示）

読者のことを考える

- 知識——**読者は**何を知っているか
- 意欲——**読者は**どれだけ読みたがっているか
- 目的——**読者は**何を求めて読むのか

これは、どういうことか。「知識」というのは「読者は何を知っているか」のこと。「意欲」というのは「読者はどれだけその本を読みたがっているか」のこと。そして「目的」というのは「読者は何を求めてその本を読むのか」ということ。

その三つの観点、三つのポイントをしっかり押さえて著者は書くことになります。これが「徹頭徹尾、読者のことを考える」ということですね。

さて、ここでCMです！ いまお話ししたような本を出すことになりました。（笑）（スライド表示）

CM

- 2013年、『**数学文章作法**（さくほう）』を刊行予定
    - 第1章　読者
    - 第2章　基本
    - 第3章　順序と階層
    - 第4章　数式と命題
    - 第5章　例
    - 第6章　問いと答え
    - 第7章　目次と索引
    - 第8章　たったひとつの伝えたいこと

2013年に『数学文章作法』という本が刊行されます[*1]。第1章が読者、第2章が基本、第3章が順序と階層……というように、先ほど列挙した項目は実はこの『数学文章作法』の目次になっています。続いて、数式と命題、問いと答え、目次と索引という具合ですね。

[*1] http://www.hyuki.com/mw/

そして、締めとなる第8章は「たったひとつの伝えたいこと」という章題です。この本が来年(2013年)の4月ごろに出ます。

　以上、CMでした！（笑）

　さて、著者と作品と読者と——もう一つは？　はい、コミュニケーションですね。著者は書く人でもあり、作品について考える人でもあり、読者のことを考える人でもあり、コミュニケーションのことを考える人でもあります。

著者

- 著者は、書く人
- 作品について考える人
- 読者のことを考える人
- **コミュニケーションのことを考える人**

　コミュニケーションについては、後ほどWebサイトやTwitterと合わせてお話ししようと思います。

　ではまとめます！

著者

- 著者は、書くだけの人…じゃない！
- 作品について考える人
- 読者のことを考える人
- コミュニケーションのことを考える人

著者とは、書くだけではなく、作品について考え、読者のことを考え、コミュニケーションのことを考える人である、とお話ししました。

二つ目は「作品」についてお話ししましょう。

3.4 作品

《旅の地図》のどこに作品が出てきていたか、覚えていますか。（スライド表示）

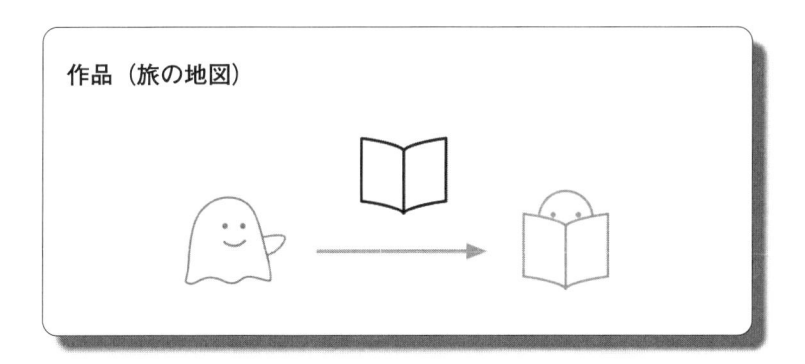

```
作品（旅の地図）
```

はい、左側に著者がいて、矢印の上に乗っているのが作品ですね。右側の読者に届けられるもの。

ところで、作品というのは書籍とは限りません。（スライド表示）

```
作品
 • 作品は、書籍…それだけ？
```

今日は「数学ガール」のお話がメインになりますが、「数学ガール」の誕生といっても、私はこの本をいきなり書き下ろしで書いたわけではありません。

　「数学ガール」の誕生前夜ということで、ずいぶん前の話になりますが 2002 年の話から始めましょう。

　私は、2002 年に「女の子」という、ちょっとした物語を書きました。（スライド表示）

2002 年「女の子」

- **Web ページで公開 (HTML)**
- 電車の中で数学書を読む**女の子**の話
- 数式は出てこない

http://www.hyuki.com/story/mathgirl.html

　私はこの「女の子」という作品を書いて、自分の Web サイトで公開しました（p.255 に収録）。HTML を使ってぱたぱたと書いて、Web ページとして公開したのですね。本にするという考えはまったくなく、とにかく書いたものを公開して、他の人に読んでもらおうと思いました。

　この「女の子」という物語がどういう内容かというと、一言で言えば「電車の中で数学書を読む女の子のお話」です。

　女子高生なのか何なのかはっきりしていませんが、たぶん高校生。電車で偶然、私の隣に座ったその女の子が、バッグから大きな本を取り出して読み始めた——そんな、何ということもない小さな物語です。もちろん数式は出てきません。

　TeX を作った有名な数学者の**クヌース**先生が書いた "Concrete

Mathematics"をその女の子は読んでいた、というイメージの風景です。女の子がとても楽しそうに読んでいる本だから、電車の向かい側の席から見たら、『ハリー・ポッター』を読んでいると思われるかもしれない。でも、実際はそうではない……そんな物語を書きたくて書きました。それが 2002 年のことです。

それから少しして、2003 年のクリスマスのころ。私は「既約分数クイズ」という物語を Web ページで書きました。（スライド表示）

2003 年「既約分数クイズ」

- **Web** ページで公開 (HTML)
- とつぜん数学クイズを出す**女の子**の話
- 数式はほとんど出てこない

http://www.hyuki.com/dig/frac.html

この物語もほんとうに自分の楽しみのために書きました。あ、それからクイズですから、私の Web サイトにやってくる読者さんのお楽しみとしての意味合いもありますね。みなさん数学的なクイズが大好きなんですよ。この「既約分数クイズ」がどういうお話かというと「出し抜けに数学クイズを出してくる女の子」のお話です。この物語にも数式は全然出てきません。

さて、2004 年には、「ミルカさん」というお話を書きました。（スライド表示）

> 2004 年「ミルカさん」
>
> - **Web** ページで公開 (HTML, PDF)
> - 図書室で**女の子**と数学対話をする話
> - 長い黒髪のミルカさん登場
>
> http://www.hyuki.com/story/miruka.html

　この「ミルカさん」というお話は、最初 Web ページで公開して、それから後に PDF にしました（p. 261 に収録）。どういうお話かというと「図書室で女の子と数学の対話をする」という、ほんとうにそれだけのお話です。

　ここで、長い黒髪をした**ミルカさん**という数学がたいへんできる女の子が出てきました。この女の子はのちのち「数学ガール」の中心的存在になるのですが、この 2004 年の時点では、私はこの話が本になるとは、まったく思っていませんでした。2004 年のこと。ずいぶん昔ですね。

　その同じ年、2004 年には「インテグラル」というお話を書きました。これも Web ページで公開しています（p. 257 に収録）。（スライド表示）

> 2004 年「インテグラル」
>
> - **Web ページ**で公開 (HTML)
> - ロビーで数式を書く**女の子**の話
> - 数式は出てこない
>
> http://www.hyuki.com/story/integral.html

この「インテグラル」はこんなお話です。私が、何かの飲み会を終えて二次会もはけ、ホテルのロビーでコーヒーでも飲もうかなと思っていたら、そこに「数式を書いている女の子」がいた。そんなシーンのお話です。

はじめのうちはその女の子が書いているのが数式だとはわかりません。ただ、何か書きものをしている女の子がいる。その女の子は、一生懸命書いている。いったい何を書いているんだろう……と興味をそそられる。そんな、ちょっとしたお話です。数式は直接は出てきません。数式を書いている女の子の話です。

そして、もう一つ、「指の数」というお話も書きました。これも2004年ですね（p. 259 に収録）。（スライド表示）

> 2004 年「指の数」
>
> - **Web ページ**で公開 (HTML)
> - 指でフィボナッチ数を作る**女の子**の話
> - 数式は出てこない
>
> http://www.hyuki.com/d/200412.html#i20041208183941

この「指の数」というお話も Web ページで公開しています。

これは「指でフィボナッチ数列を作る女の子」の話です。

「数学ガール」シリーズには、指でフィボナッチ数列を作る「フィボナッチ・サイン」というのが出てくるのですが、それの前身ですね。でも、これを書いているときはもちろんそんなことは知りません。ただ「かわいい女の子が指を使って、謎めいた数を出す」その様子がなんともいいなあと思ったのですね。この物語にも数式は出てきません。

次の年、2005年に「ミルカさんの隣で」を書きました。(スライド表示)

2005 年「ミルカさんの隣で」

- **Web ページで公開 (PDF)**
- 図書室で**女の子**と数学対話をする話
- 数式が出てくる

http://www.hyuki.com/story/diffsum.html

この「ミルカさんの隣で」も本にするつもりはありませんでした。ほんとうに好きで書いていたんですね。100%趣味といえます。ラテック (LaTeX) を使って書いて、PDF にして、みなさんに読んでいただこうと Web で公開しました。もちろん無料です。これは「図書室で女の子と数学対話をするお話」です。なぜ LaTeX で書いたかというと、数式が出てくるからです。

同じ年、2005年に「ミルカさんのフィボナッチ数列」を書いて公

開しました。これも LaTeX を使って PDF にしました。（スライド表示）

> ### 2005 年「ミルカさんとフィボナッチ数列」
>
> - **Web ページ**で公開 (PDF)
> - **ミルカさん**と、後輩の**女の子**が登場する
> - 数式がたくさん出てくる
>
> http://www.hyuki.com/story/genfunc.html

　この「ミルカさんとフィボナッチ数列」という物語には、「長い黒髪のミルカさん」と「後輩の女の子」が出てきます。後輩の女の子の名前は出てきません。この物語には数式がたくさん出てきます。

　これまでにいろいろと Web で公開しましたね。そのうちに、それらを読む読者さんが現れ始めます。そして、その読者さんから「おもしろい」という声が届き始める。そこで私はだんだん調子に乗ってきました。読者さんからは「こういう数学のできる女の子は素敵」といった声もありましたね。

　あ、それから、後輩の女の子ははじめに出てきて、ミルカさんに椅子を蹴飛ばされて退場するんですが、メールやブックマークで、読者さんから指摘があったんですよ。「あの女の子が気になる」って。（笑）

　はい、そうです。「あの子はあの後、どうなったのか。気になる」という声が読者さんから私あてに届いた。

　この後輩の女の子はたまたま出てきただけで、私としてはミルカさんの話がメインだったんです。もともとは。でも、後輩の女の子を気にする読者さんがいるんだなあというのを、読者さんからの

メールやブックマークで知ったわけです。

そこで、2005年にその後輩が中心になる物語を書きました。無名だった後輩の女の子に名前が付きました。それが「テトラちゃん」です。（スライド表示）

2005年「テトラちゃんと相加相乗平均」

- **Web**ページで公開 (PDF)
- 元気少女**テトラちゃん**登場 ← 後輩の**女の子**
- やさしい数式が出てくる

http://www.hyuki.com/story/tetora.html

2005年に書いたこの物語は「前作で蹴飛ばされていなくなった女の子、テトラちゃんが登場するお話」です。これは「テトラちゃんと相加相乗平均」ということで、ミルカさんとは難しい数学の話を、テトラちゃんとは易しい数学の話をする。そんな流れになりました。これもPDFにしました。数式が出てくるからです。

読者からの反響が増えてくると、ライターというのは「どんどん書きまっせ」という気持ちになります。（笑）　やがて、一つの作品に目次がつくほどの分量を書きました。

それが2006年「ミルカさんとコンボリューション」という作品になりました。（スライド表示）

> 2006年「ミルカさんとコンボリューション」
>
> - Webページで公開 (目次付きの PDF)
> - **ミルカさん**と**テトラちゃん**
> - それほどやさしくない数式が出てくる
>
> http://www.hyuki.com/girl/convolution.html

　この「ミルカさんとコンボリューション」という作品では、ミルカさんとテトラちゃんの両方が出てきます。それほどは易しくない数式も出てきます。でもまだ、この文章を書いた時点では、連載や本にすることは考えていませんでした。Webページで PDF にして無料で公開しただけです。いまでも無料でそのときのバージョンを公開しています。

　その後、2007年にようやく『数学ガール』という本になります。

3.4.1　数学ガール（2007年）

　2007年に刊行した『数学ガール』の第1巻目はオイラーがテーマです。

　これは「数学ガール」シリーズ——当時はシリーズという意識はまったくありませんでしたが——の最初の書籍です。登場人物はまず、名前が表に出ない「僕」という語り部。そして、数学ができる「ミルカさん」。それから、まだあまり数学はできないけれども、元気いっぱいがんばる「テトラちゃん」という後輩。この三人がメインになります。

　ちなみに、理系の大学ですと、「数学ガール」に登場するキャラクタは広く認知されているらしいです。たとえば「そんなことをしたらミルカさんに怒られる」や「こんなことではテトラちゃんにも負けちゃう」といった表現で話が通じるらしいです。「数学ガール」のキャラクタは、重要な固有名詞になっているそうです。（スライド表示）

> **『数学ガール』(オイラー)**
>
> - 「数学ガール」シリーズ、最初の**書籍**
> - 「僕」、**ミルカさん**、**テトラちゃん**
> - フィボナッチ数列、相加相乗平均の関係
> - コンボリューション、調和数、ゼータ関数
> - テイラー展開、カタラン数、分割数、母関数

　第1巻の内容は、フィボナッチ数、相加相乗平均の関係、コンボリューション……と、お気づきのように、いままで出してきた Web ページや PDF で書いてきたものをここに混ぜて、一冊の本にしました。

　だから、ある意味ではごった煮のように見えます。でも、一冊の本にまとめなおして読み返すと、まるで、ちゃんとはじめから仕組んであったかのようにつじつまが合いました。それは何とも不思議な現象ですね。これが第1巻目です。

3.4.2 フェルマーの最終定理（2008年）

　幸いなことに第1巻目の『数学ガール』が人気を博し、出版社さんが驚いたほど売れ行きが良かったので、第2巻目の企画はスムーズに進めることができました。

　いまこの会場にお集まりのみなさんは出版関係の方が多いので納得していただけると思うのですが、読者さんからの手応えがあると、書籍の企画はとても進めやすくなります。ある程度予測ができますし、冒険もできるようになります。

　そんなふうにして第2巻目に進んでいきます。今度のテーマは「フェルマーの最終定理」です。

　あ、そうそう。私が第1巻目を書いたときには、続編となる第2巻目が出るとはとうてい思っていませんでした。そうですよね。だって、そもそも『数学ガール』自体が売れるかどうかわからなかったわけですから。売れるかどうかわからないので『数学ガール1』のように番号をつける勇気は私にはありませんでした。売れるとはほ

んとうに思いもよらなかったです。

そのため、第2巻も『数学ガール2』とつけることはできず、『数学ガール／フェルマーの最終定理』という副題の形にすることになりました。

しばらくはこのような副題の形でやっていたのですが、たとえばアマゾンなどのネット書店で買う場合に「どれが最初の巻だろう」と読者さんが迷うことも多くなってきました。そのため、出版社のほうで「数学ガールシリーズ1」や「数学ガールシリーズ2」のような番号を別途つけてくださったようです。まあ、それは余談ですけれど。

ちなみに「数学ガール」シリーズは、数学的な内容は各巻で独立しているのでどの巻からも読めるようになっています。また登場人物紹介も各巻でそれなりにやっているので、ストーリー上も問題はないでしょう。ただ、物語の時間は刊行順に流れているので、全体を楽しみたいなら順番に読むほうがいいでしょうね。

さて、その続編なんですが、何をしましょうかと考えてフェルマーの最終定理を選びました。第1巻目で扱っている題材は数学者オイラーにまつわる内容が多かったのですが、比較的ばらばらな内容でした。そこで、第2巻目はまとまった「大物」を出したいと思ったのです。フェルマーの最終定理。これはかなりの大物です。

それにしても、第2巻目にしてもう「最終定理」を題材にするというのは、私がまったく先のことを考えていないのがわかりますねぇ。（笑）　私は「数学ガール」シリーズを書くときには「出し惜しみはなし」という態度をとっています。つまり、毎回その時点での「自分の全部を注ぎ込む」という作り方をしようということです。別の言い方をすれば「毎回、これが最終巻でもかまわない」というつもりで書くということですね。

なので——いきなり最終定理！（笑）　（スライド表示）

> **『数学ガール／フェルマーの最終定理』**
>
> - 「数学ガール」シリーズ、二冊目の**書籍**
> - 「僕」、ミルカさん、テトラちゃん、**ユーリ**
> - 整数論
> - 群、環、体
> - 互いに素、ピタゴラス数、素因数分解
> - 背理法、鳩の巣論法、群の定義、アーベル群
> - 合同、オイラーの公式、フェルマーの最終定理

　さてその『数学ガール／フェルマーの最終定理』ですが、新しく**ユーリ**という中学生のキャラクタが登場しました。高校二年生の「僕」にとって一学年下のテトラちゃんは「後輩」キャラクタですが、中学二年生のユーリは「妹」キャラクタになります。正確には妹ではなく従妹(いとこ)なのですが、ユーリは「僕」のことを《お兄ちゃん》と呼んでいるので、妹キャラになります。ミルカさん、テトラちゃん、ユーリと、これで数学ガールが3人になりました。「僕」のまわりには魅力的な女性がいっぱいですね。うらやましい限りです。（笑）

　このようにして『数学ガール／フェルマーの最終定理』が刊行されました。ありがたいことに、この本も読者さんにたいへん喜ばれました。でも、すでに「最終定理」を使っちゃいました。次はどうしましょう！（笑）

　最終定理に匹敵する大物として「ゲーデルの不完全性定理」に挑戦することになりました。だんだんハードルが上がっていきます。まあ自分で上げているんですが。（笑）

3.4.3　ゲーデルの不完全性定理（2009 年）

　『数学ガール／ゲーデルの不完全性定理』は 2009 年の刊行で、「数学ガール」シリーズの第 3 巻目になります。この巻に登場する数学ガールはミルカさん、テトラちゃん、ユーリの 3 人で、女の子は増えませんでした。（笑）

　第 2 巻目は「整数論」でしたが、この第 3 巻目は「数理論理学」という数学の分野になります。副題にあるように、最後はゲーデルの不完全性定理の証明にチャレンジします。シリーズも第 3 巻目までくれば、大きなパターンはわかってきます。それは、第 1 章から第 9 章までは基本的なことがらをていねいに学び、最後の第 10 章で大物にチャレンジするための準備を行うという流れです。（スライド表示）

> 『数学ガール／ゲーデルの不完全性定理』
>
> - 「数学ガール」シリーズ、三冊目の**書籍**
> - 「僕」、ミルカさん、テトラちゃん、ユーリ
> - 数理論理学
> - 論理クイズ、ペアノの公理、数学的帰納法
> - 写像、極限、$0.999\cdots = 1$、$\epsilon\delta$論法
> - 対角線論法、同値関係、ラジアン、$\sin$ と $\cos$
> - ゲーデルの不完全性定理の証明

　でもですね……整数論ならまだしも、数理論理学になると中学校・高校ではまったくやらない分野になりますから、いくら「ゲーデルの不完全性定理の証明に必要だ」といっても、ずっとそればかりやっているわけにはいきません。ですから「論理」ということをキーにして、高校で学ぶような内容＋αを第9章まででお話しすることにしました。

　論理には、やさしく見えるけれどもおもしろくて深い題材がいろいろあります。たとえば極限の話、それから 0.999 は 1 に等しいという話、それから $\epsilon\delta$ 論法、それに対角線論法などですね。こういった、論理を扱うときの有名どころの話を持ってきて物語にしようと思いました。

　論理を扱うことのおもしろさはどこにあるか。もちろん一つに限られるわけではありませんが、「直感に反することがいえてしまう」というのは魅力の一つです。直感ではそんなことはありえない！　といいたくなる。でもロジカルに説明されるとありえるとしかいえない。それが論理であり論証の魅力の一つです。

　これはいささかひねくれたものの考え方かもしれませんが、みんなが直感的に理解でき、きちんと納得できるようなら何も論証はい

らないわけです。論証が必要なのは、直感では理解できないこと、あるいは明確に直感に反すること……そういうことが証明できてこその論理だと思います。

　数学についても、プログラムについても同じことがいえますね。なんというか……道具としてのありがたみはどういうときにわかるのかという話です。たとえばキリで穴を開けることを考えましょう。木の板に素手で穴を開けるのは難しい。不可能だ。でも「キリ」という道具があればできる。ありがたい。もっと堅い木の場合にはキリでも難しいかも。そのときはドリルの登場です。つまり、道具というのはそれなしでは至れない世界に至ることができるからこそありがたいのだと思います。

　……ちょっと話がそれてきたので、またスライドに戻りましょうか。
　さて、第3巻まで来ました。
「最終定理」と「不完全性定理」を使ってしまいました！　（笑）
　ここで一つ変化球を投げようと思い、「乱択アルゴリズム」をテーマにしようと思いました。アルゴリズムについての本はたくさんあるのですが、「乱択アルゴリズム」の本はまだまだ少ないです。しかも、単純にコンピュータの話ではなく、乱数——つまり確率論と絡めたコンピュータの話が書けるということで、「数学ガール」にぴったりの題材だと思いました。

　でも、コンピュータに造詣の深いキャラクタは「数学ガール」にいません。ミルカさんは何でもできますが、プログラムまで全面的に負わせるのもたいへんそうです。

　そこで……はい、女の子が増えました。（笑）
　4人目の数学ガールの登場です。
　今回はコンピュータ・ガールあるいは情報ガールというところでしょうか。名前は**リサちゃん**です。彼女の登場で「数学ガール」の

世界はまた広がることになりました。

3.4.4　乱択アルゴリズム（2011年）

　表紙のイラストはこれまで通り、たなか鮎子さんに描いていただきました。季節はちょうど梅雨のあたりで、あじさいのイメージですね。傘を持って歩いている数学ガールたち。とてもいい雰囲気になってきました。

　いろんな方から指摘があるんですが、「数学ガール」シリーズの物語はほんとうにささやかなもので、淡い淡い恋物語から、ちょっと切ない青春物語のフレーバーが感じられるものになっています。この中で起きる出来事といっても、そんなに大事件が起きるわけではありませんね。

　物語が淡い分《数学を考える》という部分に自ずと注目が集まるように感じます。「数学ガール」シリーズを好む読者さんは、その淡い部分を楽しんでいらっしゃるようです。

もちろん読者さんはいろいろいらっしゃいます。読者さんの読み方を著者が指定するわけにはいきません。「数学は読み飛ばしてストーリーだけ読んだ」という方もいますし、まったく逆に「ストーリーは飛ばして数学だけ読んだ」という方もいます。さいわい「両方読み飛ばした」という方はいなくて（笑）、まあそれはありがたいです。（スライド表示）

『数学ガール／乱択アルゴリズム』

- 「数学ガール」シリーズ、四冊目の**書籍**
- 「僕」、ミルカさん、テトラちゃん、ユーリ、**リサ**
- アルゴリズムの解析と確率論
- モンティ・ホールの問題、順列と組み合わせ
- 確率の定義、標本空間、確率分布、確率変数
- 期待値、O 記法、行列
- ランダムウォーク、3-SAT 問題、P $\neq$ NP

　『数学ガール／乱択アルゴリズム』で扱っている題材は、ちょっと読むとプログラミングの話ばかりのようですが、実際には確率論が大きなパーセンテージを占めています。

　「乱択アルゴリズム」というタイトルのもと「アルゴリズムの解析」と「確率論」の二つがメインテーマになりますね。

　「アルゴリズムの解析」というのは、スタンフォード大学のクヌース先生のライフワーク、"The Art of Computer Programming" という書籍のメイントピックです。あるアルゴリズムはどれだけの手間がかかるのか、あるアルゴリズムよりも別のアルゴリズムが「良い」とはどういうことなのか……おおざっぱにいえばそういうことを扱う分野になります。現代の私たちが使っているコンピュータの

土台となる、とても大事なトピックです。

『数学ガール／乱択アルゴリズム』では、その「アルゴリズムの解析」と「確率論」を扱います。といってもそれほど専門的な内容には入らず、あくまでも初歩的な、入門的な内容にとどまっています。

確率論で有名な「モンティ・ホールの問題」を皮切りに、確率論で基本的な問題を解説する形となっています。まあ解説といっても、「数学ガール」に登場する子たちがそれぞれに頭を絞ってチャレンジするというスタイルになりますが。順列組み合わせの基本もやりますし、確率の公理的定義などもきちんとやりました。それから、これはアルゴリズムのほうになりますが、いわゆる $P \neq NP$ 問題にも多少触れました。

今回のラスボスに相当する問題は「乱択クイックソートの評価」ですから、それほど難しくはない内容だと思います。確率論を初めて学ぶ人にはちょうどよいくらいといえるかもしれません。

3.4.5 ガロア理論（2012年）

今年も12月になりました（本講演は2012年12月に行われました）。今年の5月に『数学ガール／ガロア理論』という本を出しました。私としては非常にありがたいことに、「フェルマーの最終定理」や「ゲーデルの不完全性理論」という大物の後に、まだ大物があったんですね。それが「ガロア理論」です。

　しかも「ガロア理論」というのは、数学をやっている人はよくわかっていて重要な道具立てですが、数学をちょっと触ったことがある人にとっては「名前は知ってるけれど……」という種類の理論なんですね。なので、ガロア理論の本は大きな人気となりました。

　余談になりますが、この本をうちの息子に見せたところたいへん喜んでいました。何に喜んだかというと「浴衣はいいね！」と。（笑）　オトコノコは浴衣に弱いようです。（笑）

　今回は、女の子は増えませんでした。（スライド表示）

『数学ガール／ガロア理論』

- 「数学ガール」シリーズ、五冊目の**書籍**
- 「僕」、ミルカさん、テトラちゃん、ユーリ、リサ
- 群と体
- あみだくじ、解の公式、角の3等分問題
- 剰余類、剰余群、拡大体
- 群指数、拡大次数、正規部分群、正規拡大
- 可解群、ガロア対応

　第5巻目の『数学ガール／ガロア理論』は、「群」と「体」という数学的概念のお話です。

　ここに書いてあるように「あみだくじ」や「解の公式」「角の三等分の問題」「剰余類」といった、代数の教科書に出てくるような話が

本の中に登場します。

　書名には「ガロア理論」と書いてありますが、正確にはゴールは ガロア理論全体ではなく、ガロアが書いた《第一論文》になります。 5次方程式というか、方程式の代数的可解性の問題の証明が第 10 章 のテーマになります。

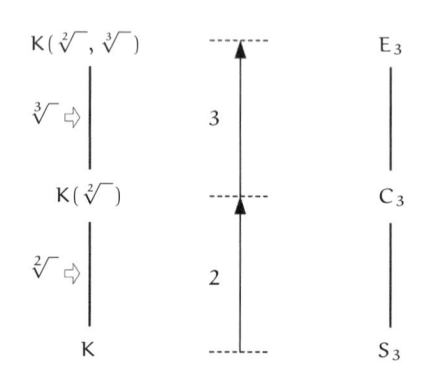

```
    K(∜‾, ∛‾)  ------          E₃
       │                        │
     ∛‾ ⇨    3                  │
       │                        │
    K(∜‾)    ------           C₃
       │                        │
     ∜‾ ⇨    2                  │
       │                        │
      K      ------            S₃
```

一般3次方程式の《体の塔》と《群の塔》

　左に《体の塔》があります。この塔は方程式を解くときに登場しました。それに対して、右に《群の塔》があります。この塔はあみだくじで遊んでいるときに登場しました。

　一見無関係なように見える《体の塔》と《群の塔》の間のこの対応関係がガロア対応の基本です。体の塔の《体の拡大》と、群の塔の《群の縮小》がちょうど対応しています。このガロア対応を利用して方程式の代数的可解性を証明するのです。

　ここまでで、最新刊の第5巻までご紹介しました。

　次に、「数学ガール」のコミックスの話をしましょう。

3.4.6 コミック版（1）（オイラー）

物語の「数学ガール」シリーズを原作として、コミック版ができました。コミック版 (1) は、第 1 巻のオイラーをコミカライズしたもので、上下巻としてまとめられています。作画は**日坂水柯**先生です。ミルカさんが上巻の表紙、テトラちゃんが下巻の表紙です。それぞれのイメージカラーが表紙になっていますね。

いまご覧いただいたのは第 1 巻目のコミカライズですが、「数学ガール」シリーズのうち、第 1 巻目から第 3 巻目までがコミカライズされています。

第 2 巻目はメディアファクトリーさんの月刊コミック『フラッパー』でまだ連載中です（注：2013 年 4 月で連載は完結）。第 1 巻、第 2 巻、第 3 巻はそれぞれ別の漫画家さんが描いています。

では、第 2 巻目のコミック版 (2) を見てみましょう。

3.4.7 コミック版（2）（フェルマー）

　コミック版（2）は『数学ガール／フェルマーの最終定理』、作画
は春日旬先生です。コミックスは 1,2,3 巻になる予定で、現在は 1
巻と 2 巻が刊行されています（注：2013 年 5 月に 3 巻が刊行）。

3.4.8 コミック版（3）（ゲーデル）

さて、コミック版（3）は『数学ガール／ゲーデルの不完全性定理』、作画は茉崎ミユキ先生です。コミックスは 1,2 巻で完結しています。

こちらはずいぶん華やかな「数学ガール」ですね。コミックス 1 巻の表紙はなかなか凝っていて、透明なガラスの向こう側から描いている状況を表現しているのだそうです。ですから、まわりに書かれている数式はすべて裏返しになっていますね。（スライド表示）

以上のように「数学ガール」シリーズは、原作の第 1 巻から第 3 巻までがコミカライズされています。

コミックスという表現のあり方を十分に踏まえて、ヴィジュアライズできるところはヴィジュアライズし、でも単なるお話にならないで数式もきちんと入れる。やさしい内容を扱うことが多いけれど、ところどころでは骨太の内容も扱う……と、そのようなコミカライ

ズになっています。作画をなさっている先生方や、編集者さんのご苦労には頭が上がりません。

3.4.9 電子書籍

　紙の本とコミックスのお話をしてきました。ここで、電子書籍の話をしたいと思います。

　ここに集まっている方々は出版社の方や書き手の方が多いですので、電子書籍に対して大きな関心を持っていらっしゃると思います。

　結城は「数学ガール」シリーズの電子書籍化について積極的に進めたいと思っています。ただ、数式がたくさん出てくるということもあり、技術的な課題がいろいろとあります。ソフトバンククリエイティブさんにその時点での最適な解を探っていただき、さまざまな形で刊行へ向けて努力しています。（スライド表示）

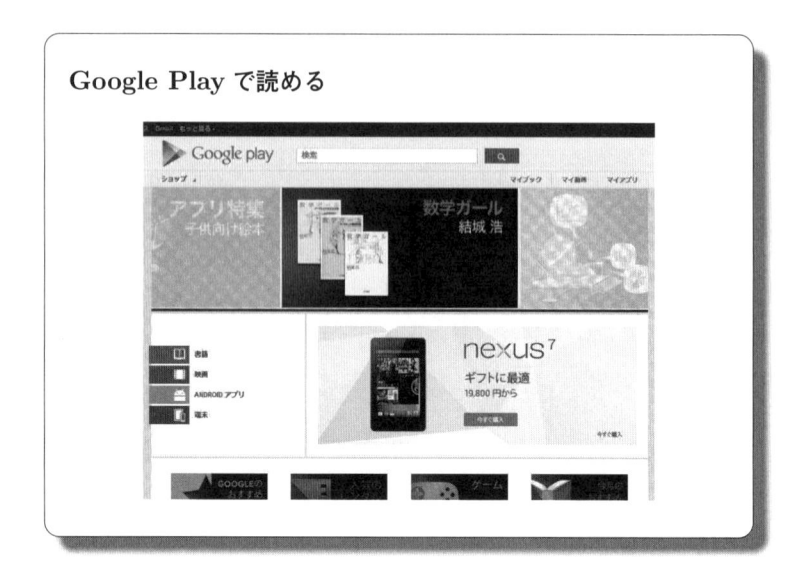

つい先日（2012 年 12 月）ですが、Google Play で「数学ガール」シリーズが読めるようになりました。現在は第 1 巻から第 4 巻まで刊行されています。

　Google Play で読めるということは、Android で読めるだけではなく Google Play のプレイヤーがあればどこでも読めるということになります。たとえば iPhone のアプリでも読めますし、iPad でも、パソコンの Web ブラウザでも読めるということになります。

　この画面は Google Play のトップページです。ちょうど「数学ガール」シリーズの宣伝をしてくださっていたので、そのスクリーンショットを取りました。噂によると、Google 社内には「数学ガール」シリーズのファンがたくさんいらっしゃって、Google Play に出るというのでみなさん狂喜乱舞していたらしいです。噂といいますか、内部の方からメールをいただいたんですが。（笑）　出版社さんによれば、いろいろと準備が必要だったようですが、ようやく Google Play で「数学ガール」シリーズが読めるようになりました。

「Kindle でも『数学ガール』を読みたい」という要望は非常に多くの読者さんからいただいています。現在ソフトバンククリエイティブさんが研究・検討してくださっている状態です。何とか良い形で読者さんに提供できればと思っています。

3.4.10 英語版（1）（オイラー）

```
MATH
GIRLS
∞
Σ ♥k
k=0

HIROSHI YUKI
TRANSLATED BY TONY GONZALEZ
BENTO
BOOKS
```

「数学ガール」シリーズは英語での翻訳も出ています。書名は"Math Girls"で、翻訳をしてくださったのは**トニー・ゴンザレス**（Tony Gonzalez）さんです。トニーさんは理系に強く教育学にも造詣が深く、日本語もペラペラです。以前はあるゲーム会社のローカライゼーションを担当していらしたそうです。日本語で書かれたゲームの台詞や舞台などを、英語の台詞や舞台に置き換える仕事ですね。単純に言葉を置き換えるだけではなく、自然なローカライズを行う達人です。

『数学ガール』の中には、生徒の会話がたくさん出てきます。トニーさんは、その対話をアメリカの生徒・学生なら、こんな話し方をするという学生口調に直してくれました。"Math Girls"を読んだある読者さんから「たしかに向こうの学生は、こういうふうにしゃべっているよ」という感想をいただきました。

この表紙に書かれているロゴマークはもともと私が作ったもので、

英語版の "Math Girls" では、このロゴマークを表紙に使っていただきました。実は「数学ガール」シリーズの日本語版のほうにもこのロゴマークは使われていて、表紙カバーを取ると初めてわかるようになっているんです。

$♡^k$ の k を $0, 1, 2, \ldots$ として総和を取る。形式的冪級数で通常は x と書くところに ♡ を使ったのですね。私はこれを**恋の冪級数**と呼んでいます……え、ええっと、「こいのべききゅうすう」って口に出して言うのはちょっと恥ずかしいですね。

$$\sum_{k=0}^{\infty} ♡^k$$

これは「数学ガール」シリーズの精神をよく表していると思います。つまり、無限を扱うような数学が登場するけれど、その中に高校生の淡い思い——異性に対する思いや自分自身に対する思いが絡んでいくということですね。だから、このロゴマークはたいへん象徴的であると思うんです。

この「恋の冪級数」を見たときの人の反応はさまざまです。普通の人は「楽しいね。でもちょっと難しいかな」と思います。でも、数学に興味がある人がこれを見ると「この式は収束するかな」とまず思うんです。つまり、きちんと数式として解釈しようと試みるわけですね。そして「これが収束するための条件は」などと考え始めるのですが、いまは、深入りはやめておきましょう。（笑）

3.4.11 英語版（2）（フェルマー）

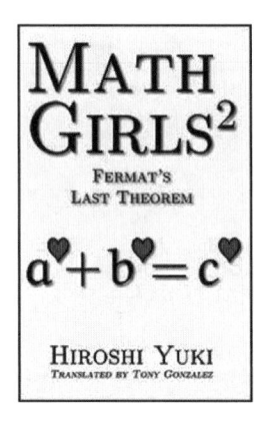

2012年12月12日という12並びの日に、『数学ガール／フェルマーの最終定理』の英語版が刊行されます。これが表紙ですね。

これは非常にすばらしい表紙だと思います。このアイコンを考えたのは英語版を作ったトニーさんのチームです。フェルマーの最終定理というのは、$n \geqq 3$ のときに、

$$a^n + b^n = c^n$$

という方程式を満たす自然数 a, b, c が存在しないというものです。もしも $n = 2$ ならばピタゴラスの定理 $a^2 + b^2 = c^2$ ですから、a, b, c は無数に存在します。

ですから、この式、

$$a^\heartsuit + b^\heartsuit = c^\heartsuit$$

のハートマークの部分が何であるかは非常に重要なのですね。

（スライド表示）

> **MAA Focus Review**
>
> **Translating Math beyond Textbooks**
>
> Math Girls
> Hiroshi Yuki
> Publisher: Bento Books (2011)
> 288 pages, Paperback, $14.99
> ISBN: 9780983951308
>
> Reviewed by Marion Cohen
>
> Imagine the improbable: high-school students getting together on their own—not in a math club or math circle, not in preparation for any math olympiad or classroom test, not on the advice of any of their teachers, not as part of any organized program—to talk about pure math, math more interesting than the math found in their textbooks. The three students in this book do that for the sheer love of it. That to me is the beauty and fascination of this novel for young people, mostly young people interested in math. The publisher calls it "Glee for math geeks."
>
> finds, usually on the entire page, math, complete with symbols. Often the math is indistinguishable from the math in a math text, except for the quotation marks because the math is spoken (or written) by one of the three friends (usually Miruka).
>
> "Sometimes the math goes over your head—or at least my head," writes Daniel Pink in a blurb for the book. "But that hardly matters. The focus here is the joy of learning, which the book conveys with aplomb." Also, sometimes the math is *not* indistinguishable from the math in a text. We're aware that it's being explained or discussed by the three friends, and sometimes the pedagogy, usually Miruka's, is something teachers would do well to remember. For example, "Writing everything out just made it harder to see the pattern, so I tidied everything up, using sigma notation" (p. 119) and on page 143,
>
> learning it will be able to follow. And, of course, to add interest, sometimes romantic interest.
>
> The book is said to be a best seller in Japan. I heard in a short review on YouTube that, in that country, there are math groups focused on that book and, I assume, taking off from there. The reviewers—Joanne Manaster and her teenaged daughter—express their hope that the same will happen in the United States.
>
> The math appearing in the book includes an expression for the sum of the divisors of a number when given its prime factorization, complex numbers, De Moivre's formula, a closed-form expression for the nth Fibonacci number (found using the idea of generating function), the arithmetic-geometric mean inequality, "the discrete world vs. the continuous world" (p. 89), Catalan numbers, the infinite harmonic series, and some-

「英語版が出る」というのは「数学ガール」シリーズの広がりで大きな意味を持っています。世界の多くの人が読むことができるからです。

『数学ガール』の英語版が出て、それに対する書評がMAA (Mathematical Association of America) の会誌 "MAA Focus" に掲載されました（2012年 June/July 号[*2]、27-28 ページ）。

（スライド表示）

[*2] http://www.maa.org/pubs/FOCUSJun-jul12_toc.html

> Notices of the AMS
>
> Book Review
>
> # Math Girls
>
> Reviewed by Mari Abe and Mei Kobayashi

　それから、AMS（アメリカ数学会）の Notices of the American Mathematical Society 2012 年 August 号にも書評が出ました[*3]。この中では、登場人物の名前の由来について考察をしていました。全体的に好意的な書評でなかなかおもしろかったですね。ありがたいことです。

　英語版が出たことで、その他にも書籍を紹介するビデオが公開されたり、さまざまな反応がありました。

3.4.12　そのほかの翻訳

　英語版以外にも「数学ガール」シリーズは翻訳されています。

[*3] http://www.ams.org/notices/201207/rtx120700956p.pdf

中文繁体字版（1）（オイラー）

これは『数学ガール』第1巻の中文繁体字版です。表紙を見るとコミックのようですが、コミックではありません。開けると数式がたくさん出てきます。

（スライド表示）

中文繁体字版（1）（オイラー）

こちらは同じく『数学ガール』第1巻の別の装丁のものですね。
（スライド表示）

中文繁体字版（2）（フェルマー）

　　こちらは第2巻『数学ガール／フェルマーの最終定理』の中文繁体字版になります。実写の表紙というのは初めての体験ですが、なかなか新鮮ですね。

　　「女孩」というのはいったいなんと読むのでしょうか。おそらく「女の子」という意味だと思うんですが（追記：確かに「女の子」という意味のようです）。

　　（スライド表示）

中文繁体字版 (3) (ゲーデル)

　こちらは第3巻『数学ガール／ゲーデルの不完全性定理』ですね。中文繁体字版なのですが、帯の宣伝文句「最受日本高中生」は意味がわかって楽しいです。

　（スライド表示）

ハングル版（1）（オイラー）

　こちらは『数学ガール』第 1 巻のハングル版になります。国ごとにデザインが違うのが興味深いですね。

　中文繁体字版は漢字なので何となく読めるんですが、残念ながらハングル版は私には読めなかったです。でも、数式は世界の言葉ですから、数式の部分はちゃんと読めましたよ。

　さて、話があちこちに飛びましたが、いまは「作品」の話をしていたのでした。

　ここまでご覧いただいたように、作品は書籍だけではない、ということはおわかりいただけたと思います。

　本を作って終わりではなく、作品は形を変えて広がっていきます。Web ページ（HTML や PDF）、コミックス、電子書籍、翻訳と、いろいろなものがあります。

　（スライド表示）

> **作品**
>
> - 作品は、書籍だけ…じゃない！
> - 作品は、形を変えて広がっていく
>   – Webページ (HTML, PDF)
>   – 書籍
>   – コミックス
>   – 電子書籍
>   – 翻訳

　私は、作品は単独で存在するものではなくて、このように変化しつつ広がりを生み出すということをよく理解しておきたいと思っています。

　作品には作品の命があり、作品の力があり、自立性があります。自分の勝手な思いで世界を狭くしてしまわないように注意したいと考えています。

　それは、自分の子供の成長に少し似ているかもしれません。小さいころはしっかり手を掛けるのだけれど、ある程度大きくなったら手を離し、自由に動かす。そのようにしたほうが、思いがけない世界へ羽ばたいてくれるように思うのです。

　自分がすべてをコントロールするのではなく、作品の力に「まかせる」という姿勢が必要だといってもいいでしょう。

3.5 読者

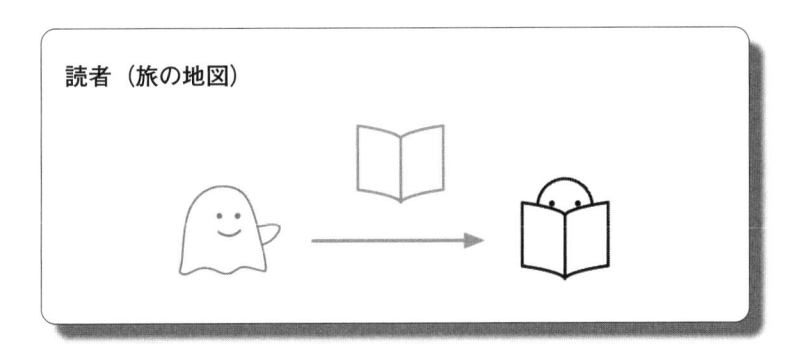

> 読者（旅の地図）

《著者》は本を書くだけが仕事ではありません。
《作品》は本とは限りません。
それと同じように《読者》は本を読むだけの存在ではありません。
（スライド表示）

> **読者**
>
> - 読者は、読む人…**それだけ？**

《読者》は本を読む人——ということになりますが、実際はどうなんでしょうか。私が書いた本を読む人というだけでしょうか。
たとえば、これを見てください。

3.5.1 イラスト

読者の作ったイラスト

　これは私の読者さん（**myu** さん）が作ってくださったイラストです。とてもすてきですね。さわやかなミルカさんです。第1巻のイメージカラーである薄いブルーをちゃんとあしらっているのもすばらしい。

　この読者さんは、私から何も依頼したわけではないのに『数学ガール』を読んで、このようなミルカさんを描いてくださったのです。

　イラストを検索で発見した私は、この方に「ありがとうございます」とお礼を伝えました。（スライド表示）

読者の作ったイラスト

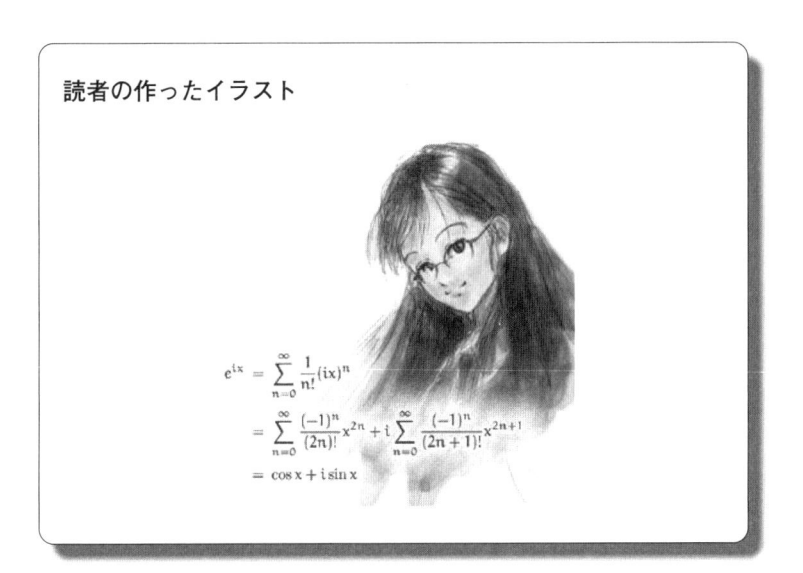

$$e^{ix} = \sum_{n=0}^{\infty} \frac{1}{n!}(ix)^n$$
$$= \sum_{n=0}^{\infty} \frac{(-1)^n}{(2n)!}x^{2n} + i\sum_{n=0}^{\infty} \frac{(-1)^n}{(2n+1)!}x^{2n+1}$$
$$= \cos x + i\sin x$$

　これは別の読者さん（**君影草**さん）が描いてくださったイラストです。こちらはやわらかい雰囲気のミルカさんですね。背景には数式が描かれています。（スライド表示）

読者の作ったイラスト

　これも別の読者さん（**真木環**さん）が描いてくださったイラストです。これはアルフォンス・ミュシャ風のミルカさんですね。数学の女神といったところでしょうか。

　このミュシャ風ミルカさんは手に図形を持っています。この図形は『数学ガール』の中の《ωのワルツ》に登場する1の3乗根を表しているものです。ちゃんと本の内容を踏まえているところがすごいですね。

読者の作ったイラスト

　これは読者の myu さんが描いてくださった『数学ガール／フェルマーの最終定理』の四人ですね。しゃがんでいるのはこの巻から登場する中学生のユーリです。ユーリは中学生なので、制服が違っているんですよ！　また、このイラスト全体の色は書籍のイメージカラーを踏まえています。

　左がミルカさんで右がテトラちゃんです。ミルカさんは黒髪で、テトラちゃんは髪の色が少し違いますね。

　そして、後ろを向いているのは「僕」です。後ろを向いているので顔がわかりませんよね。これで、物語の中で「僕」の名前が出てきていないことを表現しているんです。このセンスはすばらしいと思います。

　このようなイラストは、私が「こう描いてください」と指示してはできないでしょう。読者さんが文章を読んで、自分でイメージを膨らませて描くからこのようなすばらしいものができるのだと思います。

読者の作ったイラスト (POP)

　こちらは、書店で働いている方（**吉添瑛子**さん）が「数学ガール」シリーズの POP として作ってくださったものです。ちゃんと三人のキャラクタをきちんと表現したイラストになっているのがすばらしい。こういう POP は、ちゃんと書籍を読み込んで、楽しんでくださっている方だから作れるものですよね。このようなかわいい POP が書店に並んでいると思うと、とても感激します。

　上には「数学は簡単ではないけど、決して難しくもない。そして、なによりも楽しい。」と書かれています。まさに「数学ガール」の世界をうまくまとめてくださっています。こういう方々が「数学ガール」シリーズの読者さんなのです。（スライド表示）

読者の作ったイラスト

これはある企画のポスターです。読者さんというか企画を立ててくださった方（**山口周悟**さん）が描いてくださいました。私は、数学ガールに手玉に取られていますね。（笑）

2011年に私は早稲田理工展のライブチャットトークショーという企画を行いました。会場に私本人が行って口で話すのではなく、オンラインで文字で参加するという企画があったんです。テキストを使って講演するという変な企画です。いや、変といってはいけないですね。私がそういうふうにお願いしたのですから。

私は自宅から、インターネットにつないで Skype のテキストチャットを使って文章を入力する。そうするとその文章が会場の大スクリーンに表示される。全体としてはそういう仕組みになっています。

ありがたいことに、駿台の**大島保彦**先生が司会をしてくださいました。私の音声は会場には聞こえず、テキストだけが流れます。逆に、会場のマイクが拾う音と大島先生の声は私に聞こえますので、

私はタイプを打って質問にすぐに答えます。

そういう音声・テキストが混ざって質疑応答をするという、不思議なライブチャットトークショーでした。（スライド表示）

読者の作ったアンビグラム

これは『数学ガール／ゲーデルの不完全性定理』に登場する双倉(ならびくら)図書館という舞台のロゴマークです。

お仕事としてお願いしたものですが、描いてくださった方はもともと「数学ガール」シリーズの読者さんです。

このロゴを見ると「双倉図書館」という文字が左右対称になっているのがわかると思います。

それだけでもすごいのですが、下のほうにローマ字で書いてある "NARABIKURA LIBRARY" という文字列もまた、左右対称になっているんです。このような何通りにも読める文字列のことをアンビグラムといいます。

まったく「どうやったら、こういうのを発想できるんだろう」と思いますよね。漢字の「双」の上にあるモチーフが "LIBRARY" の手前にも描いてあるという、不思議な緊密さがあります。

これを描いてくださったのは **igatoxin** さん（**五十嵐龍也**さん）という方なんですが、以前から「数学ガール」にまつわるアンビグ

ラムを作っておられました。

そこで私が『数学ガール／ゲーデルの不完全性定理』を書くときに、「双倉図書館」と"NARABIKURA LIBRARY"という言葉でアンビグラムを作ってくださいと依頼したんです。これはもちろん書籍にも載っていますので、ぜひご覧ください。不思議な気分になれますよ。

3.5.2 Twitter

読者の作った Twitter ボット

みなさんは Twitter にいるボット（bot）というものはご存じですか。Twitter の bot というのは、Twitter 上で人間のようにつぶやくプログラムです。定期的に自動でツイートをしたり、人に話しかけられたらそれに答えたりする機能を持ったプログラムですね。

この画面はミルカさんのボットです。これは私が依頼したわけではありませんが、読者さんが自由に「数学ガール」の登場人物のボッ

トを作ってこのように公開しているのです。

　このミルカさんボットは@imatake_jpさんが作ったものです。その他、ミルカさん、テトラちゃん、ユーリなどのボットをさまざまな方が作って動かしています。エィエィや瑞谷先生など、たくさんの「数学ガール」に関連したボットがいてTwitter上でおしゃべりしているんですよ。

　そんなキャラクタたちがTwitter上にいて「学校行ってきます」とか「そろそろお昼」などとつぶやいている。そういうキャラクタたちのつぶやきを見ていますと、ほんとうにみんなが生活していてTwitterやっているみたいに見えるんですよ。

　さらにおもしろいのは、そのbotの作者さん同士が話し合ってですね、Twitter上でつぶやいているキャラクタ同士におしゃべりをさせることもあります。たとえばですね、あるときミルカさんが「母関数が……」とツイートします。そうすると、少し後でテトラちゃんが「今日はミルカさんに母関数を学びました」なんてツイートする。そんな様子を見ているとほんとうに楽しくなってきますね。こういう発想は、すでに私の発想を越えていまして、みなさんが自由にやってくださるのを私は楽しく見ているんですよ。

3.5.3 音楽とビデオ

読者が作った音楽とビデオ

　これはニコニコ動画です。**よよだいん**さんが作曲した「数学ガール」の音楽に合わせて myu さんが動画を作ってくださったんです。ニコニコ動画では、「数学ガール」のファンの方々がコメントを動画に書き込んで、それがこんなふうに流れていくのですね。楽しいです。

　最初は動画ではなく、静止画によよだいんさんが作った「数学ガール」のテーマソングだけが流れていました。VOCALOID の**初音ミク**が歌っています。これは私が「数学ガールをもとに作曲してください」と依頼したわけではなく、まったく独立に作って公開しているんですよ。私はこのような活動は基本的にウェルカムで、私の Web サイトからもリンクして紹介しています[*4]。

[*4] http://www.hyuki.com/girl/links.html

さらにですね、この音楽に対して今度は myu さんが動画をつけてくださいました。活動が広がっているんですね。それぞれの世界で活躍なさっている方が無償でそのような作品を作ってくれているんです。これはたいへん現代的なコラボレーションですよね。

現在では、複数の方が作られた、「数学ガール」関係の音楽や動画がニコニコ動画で公開されていますね[*5]。

このビデオ作成も私はノータッチです。読者さんが自由に作ってくださっているのです。

3.5.4 擬似言語実行環境

読者が作った擬似言語実行環境

```
Hello Algorithm
 1 procedure INSERTION-SORT(A, n)
 2   i <- 2
 3   while i <= n do
 4     v <- A[i]
 5     j <- i - 1
 6     while j > 0 and A[j] > v do
 7       A[j + 1] <- A[j]
 8       j <- j - 1
 9     end-while
10     A[j + 1] <- v
11     i <- i + 1
12   end-while
13   return A
14 end-procedure
15 print('%s¥n', INSERTION-SORT([5,2,4,6,1,3], 6))
```

第 4 巻の『数学ガール／乱択アルゴリズム』を出版して少し経ったときのことです。あの本では、アルゴリズムを表現するために擬

[*5] よよだいんさん、myu さん、**ネギ P** さん、**Ackey** ++ さんなど。

似言語を使っています。私が作った簡単な言語で、プログラミング言語と呼んでもいいと思いますが、まあそれを使って本を書いた。

ところが、その擬似言語を実際に動作するようにしてしまった人（@nnabeyang さん）がいるんですね。ほんとうにコンピュータ上で動くんです。Web で JavaScript を使って動くようにしてしまった[*6]。これはひっくり返るくらい驚きました。本に書かれているアルゴリズムをそこで入力してやると、実際に動かせる。バブルソートやクイックソートなどが動く。

すごいことに、ステップ実行などのデバッグ機能まで作り込んであるんです。さらに、現在どこをプログラムが走っているかを示す標識がぴぴっと動くんですよ。Hello Algorithm という名前で呼ばれているようです。

『数学ガール／乱択アルゴリズム』の中ではリサという女の子が擬似言語を実際に動かしてしまうというシーンが出てくるのですが、それを現実世界でやってしまったということなんですね。これにはまったく驚きました。

私が書籍を書いたときには、想像だけで描写しているわけです。でもそれを実際に動くようにしたというのはすごいことです。本に書かれていたアルゴリズムの記述はちゃんと動いたそうです。ほっとしました。（笑）

その他に同人誌もあります。これまたすごいんですが、コミックマーケットいわゆるコミケに出している方がいて、中身は「数学ガール」のスタイルで書かれた数学物語なんですよ。どれだけ手間を掛けたんだろうというくらい充実しています[*7]。

「数学ガール」のキャラクタでハンコを彫った人もいます。石を

[*6] http://hello-algorithm.com
[*7] http://www.hyuki.com/girl/links.html#dojin

彫って作るんですが、それをニコニコ動画で3月14日に公開する。はい、3月14日——つまり3.14…の円周率にちなんだ日ですね。彫っている様子を公開したんです。思い入れを感じますよね[*8]。

さて、これまでお話ししてきたイラスト、ボット、ビデオなどはすべて、私のWebサイトで「みんなの『数学ガール』」というページに集約しています[*9]。（スライド表示）

結城のWebサイトに集約

みんなの「数学ガール」

結城浩

画像・動画・音楽・感想文などで、数学ガールの世界を盛り上げてくださる読者さんのページです。数学ガール関連情報がありましたら、ぜひフィードバック欄から情報をお寄せください。

目次

- 数学ガールのアングラム
  - "Mathematical Girls"
  - 「数字がある〈数学ガール〉」
  - "Math Girls" ←→ 「ミルカさん, テトラちゃん」
  - "ωのわるつ" ←→ 「exp(2π√3)」

（スライド表示）

[*8] http://www.hyuki.com/girl/links.html#movie5
[*9] http://www.hyuki.com/girl/links.html

> **読者**
>
> - 読者は、読む人…**それだけじゃない！**
>   - イラスト
>   - アンビグラム
>   - 音楽
>   - ビデオ
>   - ボット
>   - 同人誌
>   - 擬似言語実行環境
>   - ハンコ
>   - 卒業論文（！）

まとめます。

読者さんは、私の本を読んで楽しんでくださっているのですが、決して「読んでおしまい」ではありません。おもしろい・感動した・楽しいという気持ちを、さまざまな形で表現してくださる方々なのです。そのことがよくおわかりになったのではないでしょうか。

イラストや音楽もそうですし、ハンコや同人誌や卒業論文（！）を書いた方もいます。2012年の5月に北海道の公立はこだて未来大学で講演をしたのですが、私を呼んでくださった高村先生はその卒論を指導なさった先生でした。

3.6 コミュニケーション

さて、ここまでで私たちの旅は《著者》《作品》《読者》まで来ました。今日のお話の最後は《コミュニケーション》です。（スライド表示）

> コミュニケーション（旅の地図）

これが、旅の地図です。（スライド表示）

> コミュニケーション
> - コミュニケーションは、読者に伝える…だけ？
>   - Web サイト
>   - 結城メルマガ
>   - Web 連載
>   - Twitter

《コミュニケーション》は、読者に一方的にこちらが宣伝することではありません。もちろん伝えることは大事ですが、それだけではだめなのです。

私が読者さんとの間に行っているコミュニケーションについて、順番にお話ししたいと思います。

3.6.1 Web サイト

まずはもちろん Web サイトです。

私は 1990 年ごろから自分の書いたものを置く Web サイトを用意

しました。現在のようなブログの環境が整っていた時代ではありませんから、自分で HTML を書いて、それを FTP でサーバに送って……というたいへん原始的な方法で更新していました。あ、でも、いまでも実は自作のツールで同じことをやっているので、原始的といえば原始的なままなのですが。

Web サイトで読者サポート

さて、自分の執筆活動とこの Web サイトの関係ですが、基本的には自分の書いた書籍の情報を公開しています。まあ、広くいえば「読者サポート」といえるかもしれません。

私の Web ページに、出版社の手はまったく入っていません。自分で管理している Web ページということです。

この Web ページに自分の書籍に関する情報を掲載し、何かがあるたびに更新しています。新刊の刊行スケジュール、書籍の目次、「増刷しました。ありがとうございます」という感謝のメッセージ、それに正誤表などを掲載しています。

ええと、いまこの会場にずっと私の本を編集してくださっている担当編集長さんがいらっしゃるので、なかなか話しにくいですね。某社、某……ソフトバンククリエイティブさんですね。某じゃないか。（笑）

その某社さんは、私がこのような Web サイトの運営をして非常に効果をあげているので、そのことを加味して印税率を考慮してくださっています。たいへんありがたい出版社さんです！　ということで、会場にいらっしゃる各出版社の方、その節にはよろしくお願いいたします。（笑）

Web サイトで読者の感想を受信

さて、その Web サイトですが、そこには読者さんが感想を送るフォームを用意しています。「ぜひ感想をお送りください」と呼び

かけています。これは基本的なことですね。

どのくらいの頻度で感想が来るかというと「毎日、山のようにやってくる」わけではありません。でも、感想が来ない週はないと思います。何日かに一回は来る感覚でしょうか。

結城が書いている本はいわゆる理系の方向け、プログラミング技術や数学の本ですが、みなさんが想像なさる以上に女性からの感想が多いです。「数学ガール」の場合、半分まではいかないものの、三分の一ほどは女性になります。

年齢層としては生徒さんや学生さんが多いですね。高校生はもちろん、中学生もめずらしくはありません。まれには小学生の読者さんから感想が送られてくることもあります。

中学生の読者さんから「数式の意味はわからないけれど、とてもおもしろかった」という感想もよくいただきます。意味はわからないけれどおもしろいというのは、不思議ですが何となく納得します。それから、中学生から「数式がきれいだと思った」という感想もいただきます。

著者として、感想を読むのはほんとうに楽しいです。フィルタが掛かっていない読者の生の声ですから。「ああ、こういう方が私の書いた本を読んでくださっているのだな」と実感するのは、私にとってとても大切なことです。

Webサイトというと「情報発信」と短絡的に考える人もいらっしゃると思いますが、このように読者さんからの感想を受け取る場でもあるわけですね。ですからWebサイトは「情報発信」の場であると同時に、読者さんからの「情報受信」の場でもあるといえるでしょう。

Webサイトで読者の感想を公開

Webサイトでは、そのようにして送られてきた感想を公開もしています。

公開にあたっては読者さんの許可をとっています。感想を送ってくださった読者さんにメールで「Web サイトであなたのこれこれの感想を紹介させてもらっていいでしょうか」と尋ねるわけですね。ほとんど 100％の方が快諾してくださいます。

　読者さんの声を紹介するのは、私自身がうれしいからということもありますが、他の読者さんへの情報になるからでもあります。

　未読の読者さんが感想を読んで「ああ、こういう本なのか」「こんな年齢層の人も読むんだな」「自分と同い年の人が読んでる！」と思ってくださることを期待しています。

　このように読者さんの感想を公開することは、受信した情報を再度「発信」していることになりますね。Web サイトで読者さんと対話しているようです。

Web サイトで新作のアナウンス

　Web サイトでは「新作が出ました」というアナウンスももちろん行います。2012 年の『数学ガール／ガロア理論』を刊行したときもアナウンスしました。

　私は本を書くのが楽しくて、大好きです。新しい本が出版されるというのは大きなイベントなのです。Web サイトを通じて、私自身のわくわくが伝わるといいなあといつも思っています。

Web サイトで無料プレゼント

　Web サイトではまた、読者さんへの感謝の気持ちを込めて「無料プレゼント」というものも行っています。応募してくださった読者さんから抽選で数名を選び、新刊書籍をプレゼントするという企画です。これは出版社とは関係なく、私が個人的にずっと行っているものです。

　無料プレゼントに応募するのにちょっとした条件を満たす必要があります。それは、この新刊書籍について Web で言及したり、お

知り合いに話してくださいというものです。ブックマークをつけたり Twitter でつぶやいてもかまいません。

　そのときには別に「宣伝」になっていなくてもよくて、そのときどきに文言を指定して、これを含んでいるようにというお願いをしています。

　せちがらい世の中、なかなか純粋な「楽しみ」って少ないですよね。なので、読者さんが気軽に参加できて「無料プレゼントだって！当たるといいな」と楽しみにしていただきたいと思っています。

　『数学ガール／ガロア理論』の場合、応募者は 229 名ありました。そこから 7 名が当選します。

　このような「無料プレゼント」企画は、ほぼ毎回、新刊が出るたびにやっています。当選者さんには、私が一人で本を詰めて送っています。

　これが《コミュニケーション》の一つ目。私の Web サイトのお話でした。

3.6.2 結城メルマガ

> 結城メルマガ
>
> - 有料メルマガ
> - 2012 年 4 月から開始
> - 毎週火曜日配送
>   - 教えるときの心がけ
>   - 本を書く心がけ
>   - 新作のプレビュー
>   - 読者さんとやりとり
>   - 電子書籍の作り方
> - 自分の連載を掲載する媒体を自分で作る

　読者さんとの《コミュニケーション》の二つ目、メールマガジンのお話をします。

　私は有料メールマガジンを発行しています。

　この結城メルマガは 2012 年の 4 月から書き始めて、毎週火曜日に発行しています。内容は、教えるときの心がけや本を書く心がけですが、最近は読者さんからの質問に答えたりするなど、それ以外の内容も多くなってきました。

　たとえば、私が本を書くとき「新作のプレビュー」を結城メルマガで配送することがあります。

結城メルマガで新作のプレビュー

　「新作のプレビュー」とは何かというと、自分が書いている本のある章を、PDF 形式で結城メルマガの購読者さんに送るものです。

　もちろんそこで追加料金が発生するわけではありません。メルマ

ガの一部として「このような本を書いています」という感覚で、本の内容を配信しているのです。

　ところで、最近よく「いったい私はこの結城メルマガで何をやっているんだろう」と考えます。自分にとってのメルマガの位置づけは何かということですね。
　いま、出版業界をめぐる状況は厳しくて、雑誌も厳しいと聞きます。そうすると、文章を書くライターとしても状況は厳しいわけですね。
　たとえばライターが本を出す際、以前はこんなサイクルがありました。雑誌に毎月や毎週連載をする。そうするとその原稿が少しずつ蓄積されていく。その原稿がある程度まとまって、連載の人気もよければ「そろそろ書籍化しましょうか」という話になります。そうすると、雑誌連載で定期的な収入があり、書籍刊行で臨時収入がある。そのようなサイクルです。規模は違いますけれど、お給料とボーナスのような感覚です。
　雑誌に元気がなくなると、そのようなサイクルを回せなくなります。雑誌連載が持てなくて、原稿の蓄積もなく、書籍につなげることができないという意味です。
　でも、有料メルマガがうまく回り始めると「自分で自分の雑誌を作る」ようにしてサイクルを回せるようになります。つまり、自分のメールマガジンで将来本になるかもしれない連載を書く。その原稿料は出版社からもらえるわけではないけれど、メルマガの購読者さんからメルマガの購読料としていただく。そしてまとまったところでブラッシュアップして書籍にする。これは雑誌連載を書籍刊行につなげていくサイクルととても似ています。
　メルマガの購読者さんは、そのライターを支援している大切な方々ということになります。いや、そんなに客観的に語る余裕はないんですが。（笑）　結城メルマガの購読者さんは、ほんとうに私の

生活を支えてくださっているんです。

　うまくサイクルが回るかどうかは、ひとえにメルマガの購読者数に関係してきますので、機会あるごとに自分のメルマガを宣伝しています。ええと、ぜひ、ご購読[*10]ください！　　（笑）

　この会場にいらっしゃるのは業界の方ですから、ここまで「書き手の側の視点」でお話ししましたが、これはいわば内部事情ということになります。

　メルマガの運営で大事なのは、読者さんのことをちゃんと考えて、きちんと発行することでしょう。その上で「おもしろい」「役に立つ」「楽しい」「元気になる」「刺激される」「ほっとする」などと思ってもらえることが重要であると考えています。広い意味で、読者さんに喜んでいただけるようなものをお届けするということですね。まあ、当然のことですけれど。

結城メルマガで読者さんとやりとり

　メルマガはWebサイト同様「情報発信」の場であると同時に「情報受信」の場でもあります。

　読者さんから送られてくる質問にＱ＆Ａのコーナーで答えることもよくあります。

　これが《コミュニケーション》の二つ目。

　結城メルマガのお話でした。

[*10] http://www.hyuki.com/mm

3.6.3 Web 連載

> Web 連載
>
> - **『数学ガールの秘密ノート』**
> - Web プラットホーム cakes（ケイクス）で連載
> - やさしめの「数学ガール」
> - Web で数式表示
> - 毎週金曜日更新

　読者さんとの《コミュニケーション》の三つ目、Web 連載のお話をします。（スライド表示）

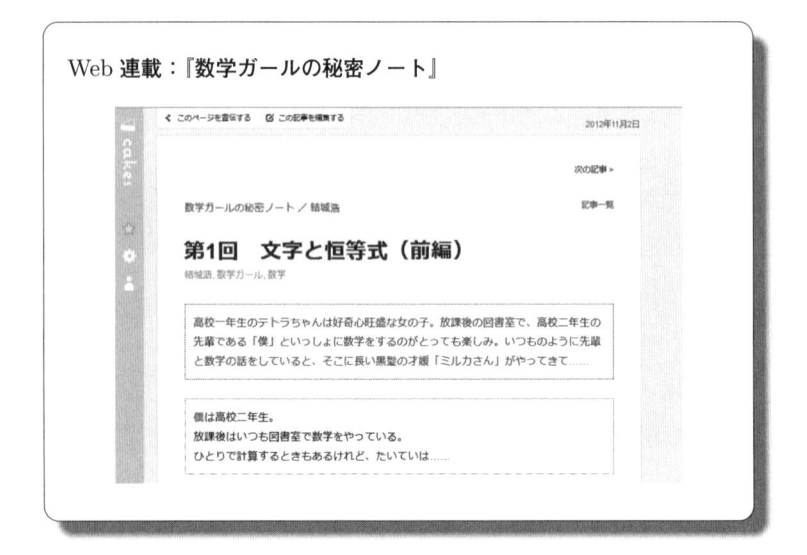

> Web 連載：『数学ガールの秘密ノート』
>
> 第1回　文字と恒等式（前編）

　私は Web で連載記事を書いています。これは 2012 年の 11 月か

202　第3章　講演「数学ガールの誕生」

ら始めました。

連載記事という表現が適切かどうかはわかりませんが、「**数学ガール**」シリーズとは少し系統が違う「**数学ガールの秘密ノート**」というシリーズになります。

Webでの連載といっても、自分のWebサイトで行っているわけではありません。最近人気のcakes（ケイクス）というWeb記事のプラットホーム上での連載です。

「数学ガールの秘密ノート」シリーズというのは、「数学ガール」シリーズのキャラクタが登場して数学の対話を行う読み物なんですが、数学的な内容はずっとやさしくなっています。

「数学ガール」シリーズのほうは、高校生から大学生向けという感じだと思うのですが、「数学ガールの秘密ノート」シリーズは、中学生から高校生向けというくらいになっています。毎週金曜日に更新しています。

数学に関する対話——私はそれを「**数学トーク**」と読んでいます。数学トークをしている様子を読み物にするためには、Webで数式を出す必要があります。2007年ごろに「数学ガール」をWebで読んでもらうのにHTMLでは難しくて、PDFにする必要がありました。でも最近ではHTML中にLaTeXのコードをうめこんで、Webブラウザ上に直接数式を表示することができます。これはすばらしいことですね。（スライド表示）

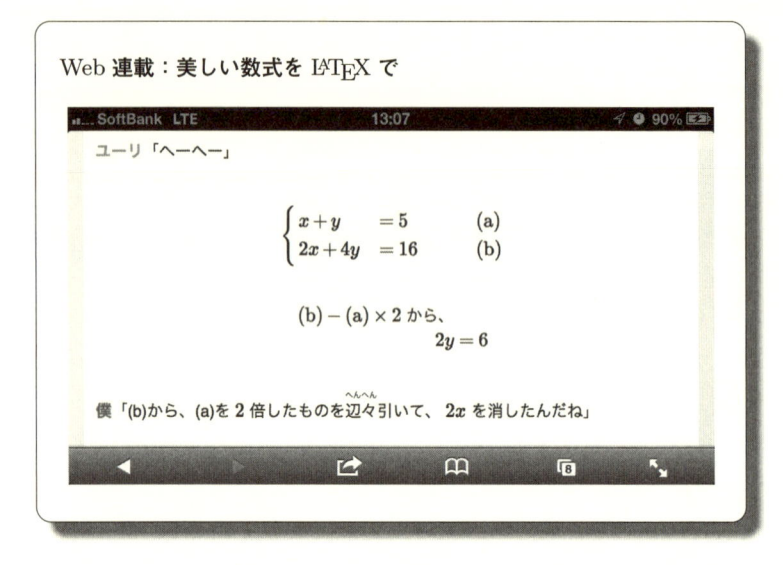

> Web 連載：美しい数式を LaTeX で
>
> ユーリ「へーへー」
>
> $$\begin{cases} x+y = 5 & \text{(a)} \\ 2x+4y = 16 & \text{(b)} \end{cases}$$
>
> (b) − (a) × 2 から、
> $$2y = 6$$
>
> 僕「(b)から、(a)を2倍したものを辺々(へんぺん)引いて、$2x$を消したんだね」

　これは iPhone でそのケイクスの Web ページを見たものです。画面をそのままキャプチャーしたものですけれど、けっこうきれいですよね。こういうルビも出ます（注：「へんへん」ではなく「へんぺん」というルビが正しいそうです）。このような数式がきれいに表示されるのが現代の Web なのですね。

　このようにして数式がたっぷり入った数学の読み物を Web で連載しているんです。

　さて Web 連載ですが、Web 連載では読者さんが何を読んでいるかがランキングとして表示されます。ちょっとこわいというかシビアですよね。ありがたいことに「数学ガールの秘密ノート」は 11 月のマンスリーランキングで 1 位になりました。

　このランキングがどうなっているかというと、Web ですから、どのページが何回表示されたかというのはプラットホーム側ですべてカウントされているのですね。ケイクスではたくさんの連載記事がありますが、そのすべてがいつ、何回表示されたか集計されている

わけです。

　有料コンテンツの場合、読者さんが支払ったお金をページビューで割り算してたくさん表示されたページを書いたライターにはたくさんお金が支払われるというフェアな仕組みになっています。（スライド表示）

Web 連載：ランキング表示

これが《コミュニケーション》の三つ目。
Web 連載のお話でした。

3.6.4 Twitter

> **Twitter**
> - 140字で「つぶやく」SNS
> - 毎時間、読者さんにつぶやく
> - 毎時間、読者さんにありがとう
> - 毎時間、読者さんに耳をすます

読者さんとの《コミュニケーション》の四つ目、Twitterのお話です。

みなさんの中でもTwitterをなさっている方は多いと思います。140文字でつぶやくSNSですね。私の場合には日々Twitterを使って読者さんとやりとりをしています。これは読者さんに「ありがとう」と手軽に言える非常に大切なツールです。

Twitterで読者さんにつぶやく

私は、2007年からTwitterを使っていて、これまでの総ツイート数が4万9000くらい。フォロワーさんは現在2012年12月で1万5000人ぐらいです（注：2013年6月現在は1万7000人）。

私が「おはよう」とツイートしたら1万5000人に伝わるのか！……とあるとき考えてどきどきしたんですが、でも、実際には読んでいるのは数パーセントでしょうか。

1日のツイート数は平均して24件ぐらいですね。

Twitterで読者さんにありがとう

私にとってTwitterというのは、読者さんに「ありがとう」と言う場です。たとえば「『数学ガール』を読みました」というつぶやき

を見かけたら、それに対して「ご愛読ありがとうございます」と伝えます。

　どうやってそんなつぶやきを見つけるかというと、いうまでもないですが「数学ガール」という書名で頻繁に検索しているのです。そのようにして見つけた方に「ありがとうございます」とお礼を言います。

　ここでも大事だと思っているのは、読者の生の声が聞ける点です。もちろんネットをやっているとか、Twitterをやっているというフィルターはかかりますが、編集者や出版社を通じての声ではなく、読者さんの声を直接聞くことができる。そこが良いところです。

　私の本を読んだ人が、いま思ったことを、誰から命じられたからでもなく、言葉にする。Twitterはそういう「声」を聞ける場所です。Twitterでは、その人のふだんのツイートも読むことができます。そうすると、自分の本を読んでいる読者さんは、いつもどんなことを考えているのかがよくわかります。どういう年代の人であり、どういう本を読み、どういう感想を抱くのか。それがツイートを通して学べることになります。

　それは——読者さんの声に「耳をすます」ということです。

Twitterで読者さんに耳をすます

　読者さんの声に「耳をすます」というのは「情報発信」とは少し違いますよね。

　Twitterのアカウントがあるからといって、自分の本の宣伝だけをしているわけではありません。もちろん宣伝もしますけれど、自分の本を読んでいる・読もうとしている方がふだんどんなことを話しているんだろう……Twitterはそのように「耳をすます」場所なのです。それは読者さんに対して健全な関心を抱くということでもありますね。

　たとえば、受験生のお子さんを持つ方の「『数学ガール』を読むと

きは紙と鉛筆があったほうがよいが、つい横着してしまう」といったツイートを読んだことがあります。

受験生のお子さんを持つ年代の男性が『数学ガール』を読みながら「紙と鉛筆がほしい」と思う。その様子を想像します。「こういう方が読んでくださっているんだ」という情景を思い浮かべる。いつもそのようにしていると、いざ自分が本を書くときに、そういう読者さんのことが頭をすっとよぎるわけです。

そのような形で読者さんの存在をイメージするのは、読みやすくてわかりやすい本を書くのに大事なことだと思っています。

3.7　旅の終わりに

旅
- 著者
- 作品
- 読者
- コミュニケーション

さて、そろそろお話をまとめたいと思います。

この講演で、私は《著者》《作品》《読者》《コミュニケーション》を巡る旅をしてきました。簡単に振り返ってみましょう。（スライド表示）

> **旅を振り返って**
>
> - 著者は、書くだけの人じゃない
> - 作品は、書籍だけじゃない
> - 読者は、読むだけの人じゃない
> - コミュニケーションは、一方通行じゃない

《著者》《作品》《読者》《コミュニケーション》——この四つのポイントについて話してきましたね。

お話の中で《著者》は書くだけの人ではなくて、《作品》は書籍だけではなくて、《読者》は読むだけの人ではなくて、《コミュニケーション》は一方通行ではない、もっと大きく広がっている——。

それを、この旅を通してご納得いただけたでしょうか。（スライド表示）

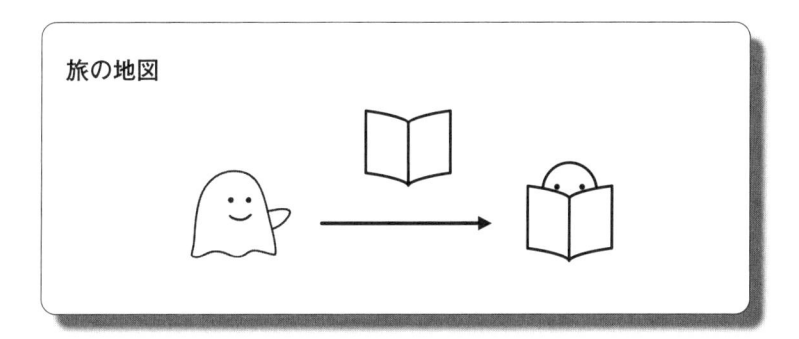

> **旅の地図**

今回の講演で、このような《旅の地図》をお見せしました。
私たちはこれが《旅の地図》だと思って歩んできました。
でも、《ほんとうの旅の地図》はこうではなかったのです。

《ほんとうの旅の地図》はこうです。（スライド表示）

ほんとうの旅の地図

著者がいて、作品があって、読者がいる。
その場で、コミュニケーションは一方通行ではない。
読者さんから感想や反応がある。
それどころか読者さんの作品が見られる。
読者さんの声に耳をすます。
そのような広がりのある場。
それを私たちは見てきたことになります。
「数学ガール」はこのような場で誕生し、成長している。
それが「数学ガールの誕生」という今日のお話でした。

これで私のお話を終わります。
ありがとうございました！
（拍手）

第4章

質疑応答とフリーディスカッション

司会者：結城先生、すてきなお話ありがとうございました。

引き続きまして、会場のみなさんから質問をいただき、結城先生に答えていただくという質疑応答に入らせていただきます。

結城浩：はい、ありがとうございます。

せっかくの時間ですので、有効に使うため「ノーコメントになる質問集」というのを作ってきました。（爆笑）　（スライド表示）

答えがノーコメントになる質問集

- Q. 登場人物の名前の由来は？
- Q. 次回の「数学ガール」のテーマは？
- Q. 「数学ガール」は何巻まで続く？

これらはたいへんよく聞かれる質問ですが、登場人物の名前の由来、次回のテーマ、「数学ガール」がいつまで続くかについては「ノーコメント」とさせていただきます。すみません。

それから一つお願いですが、本日お話しした内容やＱ＆Ａは、結城メルマガで公開したり、書籍にしたりする可能性がありますので、その点はご了承ください。

では、ご質問があれば、挙手をお願いします。お答えできることは何でも答えますので、特に今回話した内容以外でもかまいません。

4.1 『数学ガール』を題材にした卒業論文

参加者：あまりメインの質問ではありませんが、先ほどのお話にあった「『数学ガール』が卒業論文で扱われた」というのは、どういう内容でしたか。

結城浩：はい、卒業論文を書いてくださったのは、公立はこだて未来大学にいらっしゃる高村博之教授の研究室の学生さんです。その卒論は、小説のほうではなくコミックス化された『数学ガール』を研究対象にしていました。一言でいえば、数学を教えるということについてです。卒論を書いた方は何名かいらっしゃるんですが、その内容を簡単にお話ししますね。

『数学ガール』では、数学の内容をすべて完全に追っているわけではありません。数学の教科書ではありませんから。説明を省略した部分やスキップした部分があるわけです。卒論では、その省略やスキップは適切なのかどうか、そしてそれによってどのような効果が得られるのかということを研究なさっていました。

教育……人に何かを伝えたり教えたりするときには、「何を言い、何を言わないか」という選択はとても重要です。いま記憶で話しているので細かいところは不正確かもしれませんが、卒論を書いた方は、『数学ガール』でスキップした部分やミルカさんが暗示した部分が何であるかを調べるために、証明や論述のコンプリート版を作りました。

つまり省略やスキップや暗示を全部埋めて、何が抜けているかをすべてリストアップしたのですね。そしてその理由と妥当性を検討します。たとえば、難易度が高いから省略したのか、議論が他にそ

れるから省略したのか……そういうことを考察します。

ひとことでいえば『数学ガール』で欠けているピースを埋め、そのピースが欠けていることの効果を考察しているということです。そして結論としては、『数学ガール』の省略の仕方は妥当である、といった論文になっていました。

そんな感じです。よろしいでしょうか。

参加者：はい、ありがとうございます。

4.2 書籍を書くときの立ち位置

参加者：私の専門は数学ではなく理論物理です。ガロア理論のところで群論の話が出ていました。私は純粋数学をやってなくて不純数学ばかりやっていて（笑）　……それで、結城先生は「群と方程式の解の対応」のような話をなさいましたが、それは、先生自身がお気づきになったんでしょうか。そのあたりのことをお聞きしたいです。たとえば、特別な方程式だけについて対応関係があるのか、それとも、もっと一般的なことなのか。

結城浩：群と体の対応のことですよね。はい、ガロア対応は一般的な話です。

参加者：それは、すごいなと思いました。

結城浩：もちろん、それは私自身が発見したことではありません。もし、私が最初に考えたのならば、いまごろ論文を書いてます！（笑）　……なので、そんなことはありません。

私の仕事は、自分で新しい理論を作ることではないんです。（身振りで）こっち側に、すてきな理論を考える人がいます。そしてこっち側には、その理論を知りたい人がいます。そのように、理論を考える人と知りたい人、その間をつなぐ《橋渡し》が私の仕事なんです。

私は自分のことを"interpreter"——つまり「ちゅうかいしゃ」だと思っています。

「ちゅうかいしゃ」には二つの意味があります。注釈や解説を付けるという意味の「注解者」と、間に入るという意味の「仲介者」です。私は自分自身をそういう立ち位置の存在だと思っています。

参加者：私は、群論は知っているんですが、方程式の解がどうこうという対応関係までは知りませんでした。上っ面だけをなめて理論物理をやっているんです。

結城浩：理論物理には確かに群がたくさん出てきそうですね。

体では足し算、引き算、掛け算、割り算ができるので、いろいろ便利です。一方、群のほうは体よりもずっと単純なものです。この体と群とが対応づくというのは非常におもしろいことだと思います。

方程式の理論、つまり「方程式を解くとは数学的にどういう意味を持っているか」を整理して体の理論が生まれました。

現代の数学でいえば体と呼べるものと群との対応関係を見つけ出したのはガロアです。でも、現代のようにきれいに整理したのはガロア以降の数学者です。

ガロア理論は難しいものですが、左に《体の拡大》を置き、右に《群の縮小》を置いて「ほら、これとこれは同じでしょう」と見せること。それが私のやっていることです。

『数学ガール／ガロア理論』の中でも、繰り返し「ここで 2 と 3 が出てきたけれど、さっきも 2 と 3 が出てきたよね」という話をします。そうすると読者さんも「確かにこれは体と群が対応している」と思ってくれるのです。

数学書を証明までしっかり読んで「確かにこれは体と群が対応している」と納得するためには、すごく長い準備が必要です。たくさんの定理の内容を理解し、その証明を追っていかなければなりません。それを無事に乗り越えて最後に「なるほど」と言えるのは、専

門家を除いてはひとにぎりの方でしょう。

　説明で嘘はつかない。でもややこしいところは適切に飛ばす。うまい飛び石をポン、ポン、ポンと読者に飛んでもらって「なるほど！確かに、これは！」と思ってもらう。そのような本を書くことが私のコア・コンピタンス（核となる能力）であると思います。

　よろしいですか。

参加者：わかりました、ありがとうございます。

4.3　テクノロジーとサイエンスのはざまにて

参加者：結城さんはプログラミングの世界の出身で、現在は数学の本を非常にたくさん書いていらっしゃいます。ひとつ、お尋ねしたいと思っているのは《テクノロジーの世界》と《サイエンスの世界》で引き裂かれる感じはないのか……ということです。

結城浩：《テクノロジーの世界》と《サイエンスの世界》で、引き裂かれることはあるか、ないか。

参加者：はい。実は、私はその問題で非常に悩みました。

　テクニカルなものを書いていますと「おまえはサイエンスの人間じゃない」と言われます。サイエンス寄りの仕事をしていますと「じゃ、あなたはテクノロジーの人間ではないんだな」と言われます。

　それで何だか悩んでしまい、テクノロジーからもサイエンスからも遠ざかっていた時期があったんです。

　結城さんは、そういう悩みはありませんでしたか。

結城浩：いやあ、ないですね。まったくないです。

　私がものを書くときは、テクノロジーかサイエンスかという違いはそれほど意識することはなくて、ただ単純に読者におもしろいものが伝わればうれしいという気持ちでいます。つまり、自分が実践

的な人間なのか理論的な人間なのかはあまり重要ではないです。

　私はプログラムは書きますけど天才プログラマではないし、数学者でもありません。そういう意味ではどっちつかずな立場ではあります。しかし、そのような私だからこそ書けるものがある。私はそのように思っています。

　「私は数学者ではありません」というのは、私のすごく好きなセリフです。数学者はまちがっちゃ困ります。でも、私はいくらでもまちがってかまわないんです。まちがってもかまわない。なんとすばらしい！（笑）　……まあもちろん、まちがっているところは直しますが。

　「結城浩という数学者じゃない人が適当なことを書いてる」という声がないわけではないです。でも、読者さんが私の本を読んでおもしろいと言ってくださるなら、私は悩みも迷いもありません。

　自分がやっているのはテクノロジーかサイエンスか——そういうことで悩んだことはこれまでまったくありません。

　それからちょっと思うんですが、「おまえはサイエンスの人間じゃないから」「おまえはテクノロジーの人間じゃないから」という言葉をですね、相手を見下すために言う人がいたら、それは……なんというか、非常に了見が狭い人だと思いますね。

　テクノロジーであれサイエンスであれ「これっておもしろいよ。これってすばらしいよ」と人に伝える仕事は大切です。そういう人に対して、やる気をなくさせるイチャモンをつけるのは良くないことですね。もちろん、建設的な誤りの指摘は除いての話ですが。

　むしろ、もっとはげますべきです。内容や質に関して「こういうやり方がいいんじゃないの」と言うのはいいですが、「なに、これ」と馬鹿にして人のやる気を削ぐ態度は好きじゃありません。あなたのことではありませんよ。

参加者：はい、わかります。ありがとうございます。

4.4 読者の納得感

参加者：お話、たいへんおもしろかったです。私は結城さんのファンなんですが。

結城浩：いつもお世話になっています。

参加者：本日お話をおうかがいして「ベストセラーになるには、ベストセラーになるだけの理由があった」ということが、よくわかりました。

質問が二つあります。

一つは「数学として厳密に説明すること」と「読者に納得してもらうこと」のバランスを結城さんはどの辺に置いているのかということです。

もう一つは、ベースとしてミステリーやSFやホラーなどをたくさんお読みになるかどうかということです。

結城浩：答えやすいので、二つ目の質問のほうから先にお答えします。ホラーやSFなどを読むかという質問ですね。私は、本をたくさん読めないんです。次から次へとたくさんの種類の本をばりばりと読むのは苦手です。

どちらかというと同じ作家の本を何回も読むのが好きです。最近はあまり読まないんですが、スティーブン・キングは好きです。筒井康隆はよく読みます。西尾維新は大好きです。『戯言』シリーズはコンプリートしましたし、『化物語』も全部読んでいます。

でも科学用語がたくさん出てくるハードなSFはちょっと苦手です。ファンタジーのほうが好きです。『ナルニア国物語』などが好きです。以上が、二つ目の質問へのお答えです。

一つ目は、バランスについての質問ですよね。厳密な説明と読者の納得のバランス——それは本質的な問題で、文章を書いていて一

番つらいところです。

「ここから一歩進めて厳密にしようとすると難解になるが、ここから一歩引いてしまえばウソになる」というあたり、厳密と納得のはざまにあるエッジが効いた細い道を駆け抜けるのが難しい。

「数学ガール」を例に取りましょうか。どこが一番難しいかというと、最終章に何を持ってくるかです。フェルマーの最終定理だと第10章に何を書くかというところで非常に悩みます。

「フェルマーの最終定理」と銘打ちますのでフェルマーの最終定理について書くわけですが、具体的にどう扱うかにはすごく大きなスペクトルの広がりがあります。片方には証明を全部書く極端があり、他方には数学者ワイルズの人間ドラマを書く極端があります。その二つはまったく違う本になります。スウィートスポットを探すのが、毎回いちばんつらいところです。

『数学ガール／フェルマーの最終定理』では、「証明の大きな論理構造」となっている8項目を見つけ、それを納得してもらうのがポイントでした。

『数学ガール／ゲーデルの不完全性定理』では、ゲーデルが書いた論文が第10章に置かれているのだと読者に思ってもらうところがポイントでした。多くの読者はそこを読み飛ばします。でも、自分が読み飛ばしたのが何かはよくわかっている。そうすれば、読者の中での納得感はあると考えました。

『数学ガール／ガロア理論』では、ガロアの第一論文がポイントになりました。

ガロアの決闘前夜——ガロアは考えます。明日、自分は決闘する。明日、自分は死ぬかもしれない。今日、自分は生きているが、明日はもうこの世にいないかもしれない。そんな夜に、ガロアは論文を推敲します。だとしたら、その論文は彼にとって重要な意味を持っていたはずです。

ガロアの本というと、ガロアの決闘に話の中心が行きます。もち

ろんそういう本が悪いわけではありませんが、私はそういう本にはしたくなかった。決闘する前夜、ガロアが推敲していた論文にフォーカスを当てたかった。二十歳の若者が決闘前夜に直していた論文はどういうものだったのか。ガロアはどんな数学を見ていたのか。そこが重要だと思うんです。

　ガロアは自分に残されたわずかな時間を使って、その論文を少しでも良くしたいと思っていた。ガロアはその論文をガロアの読者に届けたいと思った。そして私は——ガロアのその思いを私の読者に届けようと思いました。

　『数学ガール／ガロア理論』の第 10 章は非常に難しいんですが、証明の細かい部分を飛ばして《4 つの補題と 5 つの定理》を通って《代数方程式の可解性定理》までいちおう行きました。もちろん数学の証明というにはほど遠いんですが、ガロアが書いた論文の順番に従って章は進みます。ただし、数式は現代の書き方にできるだけ合わせました。そのようにガロアの第一論文を取り扱うというのが今回の私の落とし所です。ここに至るまでに何カ月も費やしました。このために何回も書き直しました。……まあがんばるのは私の中のキャラクタたちですが。

　最初はミルカさんが「第一論文をすべてほんとうに証明します」と、とんでもないことを言い出しました。ミルカさんは、参考書を読んで自分なりにまとめると言い出したんです。

　でも、それをやると、もう一冊分のボリュームが必要になってしまいます。それではまずいので、ポスター・セッションを回る形式にしてくれませんかと私がお願いしたところ、ミルカさんはそれで OK してくれました。

　双倉図書館を舞台にガロア・フェスティバルという催し物を開き《4 つの補題と 5 つの定理》というポスター・セッションを回る物語になりました。会場を巡り歩きながら、読者も第一論文をいっしょに巡り歩きましょう——それが「数学ガール」としてのガロア理論

のまとめになったんです。

　ガロア理論を一般向けの本にすると、どうしてもガロアの生涯をたくさん書きたくなるものです。なにしろ、若い人がぞくぞくするようなエピソードがてんこ盛りですから。受験の失敗、革命、投獄、放校、決闘……お話を作る話題には困りません。しかし『数学ガール／ガロア理論』では、そこをストイックに通り抜けて第一論文に集中しました。そのようなまとめかたに私はとても満足しています。

　そうはいっても、ガロアの生涯にまったく触れないわけにはいきませんので、私は年表一枚にまとめました。すると、ある読者さんから、あの年表一つにまとめてもらってよかった、とメールをいただきました。

　つまり、こういうことです。ガロアにまつわる本を読む読者さんの中には、すでにいろいろなガロア本を読んでいる人もいる。そういう人にはガロアのたくさんのエピソードはいささか食傷気味なんですね。決闘がどうした、革命がどうした、恋愛沙汰がどうした……そんな中で一枚の年表にまとめてくれたのは、復習になるぐらいでちょうどよかったということのようです。

　いまお話ししたのは「数学ガール」での具体例です。正確さとわかりやすさ。厳密さと納得感。それらは決して相反するものではありません。《あなたに伝えたい、たったひとつのこと》をしっかり押さえてブレないようにする。そうすれば、読者が十分納得できる正確さ、読者が十分納得できる読みやすさに収まると思います。

　読者は本を読みながら「この本はどんな本なんだろう」と思います。ですから方向性が明確であることは大事です。「ガロアの第一論文の流れを追ったんだ」「ゲーデルの論文がここにある」「証明の論理構造を追ったんだ」……そんなふうに読者が「自分はこういう本を読んだんだ」と納得できるようにする。そのような落とし所をつかむのが大事ではないかと思います。

　著者がそのときに考えるべきことは「他の本はどう書いているか」

や「他の同業者はどうまとめているか」ではありません。考えるべきことは「読者のこと」です。自分が書いた本を読む読者——たった一人のあなた——に向けての手紙を書く。それが本を書く上で大切なことだと思います。

　以上で、お答えになっているでしょうか。

参加者：いや、十分です。ありがとうございます。

4.5 編集者の役割

参加者：たいへんおもしろいお話、ありがとうございました。

　いまこの会場で先生のお話を聞いていた人の中には、出版関係者、編集者が多くいると思います。

　先生のお話をおうかがいして、書籍の企画、制作、出版、そして電子書籍とさまざまな面で非常に参考になりました。

　それで、お聞きしたいのは、先生の執筆や出版にあたって、作品を作り上げていく中で、出版社の編集者はどんな役割を果たしたのかということです。

結城浩：すばらしい質問をありがとうございます。実はその質問が出ることは予期していました。いまスライドを出しますね。（スライド表示）

編集者はどこに？

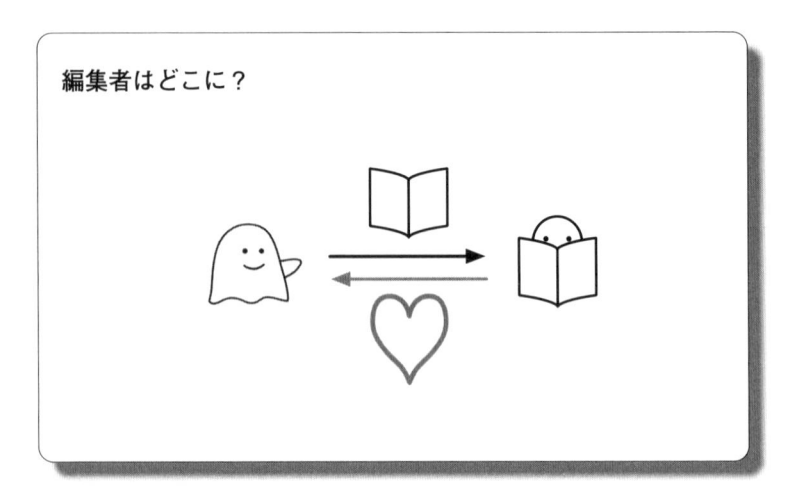

この《ほんとうの旅の地図》をよく見ていると気がつくことがあります。「出版社、出てこないじゃん！ 編集者、描かれていないじゃん！」（笑）

もちろん私は出版社や編集者がいらないと言いたいわけではないです。でも、現代の出版社や編集者の役割については、よく考える必要があります。

お金を出しているのは読者さんですから、この方に何らかの価値を届けなくてはなりません。それにはいろいろな方法があります。作品の価値を上げる。コミュニケーションのパイプを増やす。読者さんからの反応に返事する。作品を核にして生まれる体験を盛り上げる……まあそういうことです。私の本がどうこうというわけではないですが、現代はそのようなメディアミックス的な活動はよく行われていますよね。ニコニコ動画でも、たくさんの人が自分の好きな作品を中心として盛り上がっています。

出版社や編集者が存在する意味はどこにあるか。それをひとことでいえば「読者へ提供する価値をアップするために存在する」といえるはずです。

出版社には複数の機能がありますね。企画・編集・宣伝・販売などなど……。その機能に意味があるのは、読者に提供する価値を最終的にアップしているときです。

　そうですね……話は少し脱線しますが、優秀な編集者というのはすごいんですよ。あそこ（編集長を指さす）に座っているので話しにくいんですが（笑）　いや、話しにくくはないか。

　編集者は産婆さんみたいなものです。編集者は作品を産むわけではない。産むのはあくまで著者です。でも作品を産むときに非常にクリティカルな一手を出してくれたりする。それが編集者です。

　一例を挙げましょう。

　私は以前『暗号技術入門』という本を作りました。現代の暗号技術を解説する本です。ある章を「歴史的な暗号」の紹介のために使うことにしました。有名なエニグマという暗号機械をその章で解説します。その機械の仕組みはたいへんおもしろいので、その解説を分量としてたくさん書きました。おもしろいけれどややこしいので、私は何回も何回も書き直して、もっとわかりやすくしようと努力していました。

　あるとき編集者からひとこと言われました。「この本全体では公開鍵暗号がメインになりますよね。だったら、エニグマの話はもっと減らしてもいいんじゃないでしょうか」と言われたんです。

　これは非常にクリティカルな一言でした。確かにそうだ、と私は思いました。アドバイス通り、エニグマの話はばっさり短くすることにしました。たくさん書いた説明はすべて捨てました。「この本の中心は何か」ということを気づかせてくれた編集者の一言。「せっかく書いたんだから全部載せましょうか」とは言わなかった。これはまさに産婆さんの働きだと思います。

　編集者の働きの例としてもう一つ『数学ガール』の話をします。いちばん最初に『数学ガール』を出すとき、書名をどうするかを考えました。私は、第2巻目を出すということはまったく考えていな

かったので、『数学ガール』の後に「ミルカさんとテトラちゃん」という副題を入れていました。

それで、編集者から言われたのは「後ろを消して『数学ガール』だけにしましょう」。これもまた、いまにしてみればすばらしい一言だったと思います。『数学ガール』というのは非常にクリスプでいい名前だと思います。このタイトルになったのは編集者さんのおかげです。

この旅の地図の中で、私は編集者を「作品を作る裏方」としてきわめて重要な役割を果たしていると思っています。私が今日お話ししたような形で執筆するタイプということを編集者はよく理解しています。そして、あまり私の活動を邪魔しないように黒子になって活動しておられます。しかし、ここぞという場面ではクリティカルな一言をためらわない。

もちろん、編集者は「作品」の中身を読みます。そしてまちがいやわかりにくいところを指摘します。たいへん地味な仕事ですが、私がつい読み飛ばしてしまうような数学的まちがいをたくさん見つけてくれます。式の途中での計算ミスを見つけてもらったことが何度もあります。

それから、編集者は「著者」をサポートもします。孤独な執筆活動を励ましてくれるという重要な役割を果たしています。

編集者——というか出版社は作品を「読者」に届ける面でも重要な役割を果たしますよね。デリバリーです。これがしっかりしないと、読者は作品を手に入れたり読んだりすることができないわけですから重要です。

これから電子出版・電子書籍の割合が大きくなってくれば、出版社や編集者が果たす役割——価値を生み出すもののバランスやプロファイルはがらっと変わるかもしれません。

電子書籍はまだまだ出始めですから、既存の出版社にとってはそこがメインになるところは少ないでしょう。メインにならないけれ

ど、コストはかかる。先が見えないからそこにどれだけ軸足を乗せていいかわからない。それが現在の出版社さんの苦悩だと思います。

書き手にとっては良い時代になるかもしれないと思います。読者さんがどういう方であるかをよく知り、ほんとうに読者さんに喜んでもらえる方策を考えることができたら、書き手が読者によい作品をダイレクトに届ける可能性はあります。

自分で本の印刷はできない。でも、アマゾンさんがやっているダイレクト・パブリッシングのような形で、安価に本を提供できるなら、さまざまな可能性が広がりそうです。著者と読者にとっては選択肢が増えることはウエルカムだと思います。

ええと、編集者がどのような役割を果たすかという話からそれてしまいましたが、とにかく《ほんとうの旅の地図》に登場するのは「読者に価値を届ける役割を担う存在」であるとご理解ください。

それで答えになっているでしょうか。

参加者：はい。

4.6 参考書の選び方

参加者：たいへんおもしろいご講演、ありがとうございました。

結城先生が、最初の参考書を選ぶ基準——というか、どう考えて参考書を選ぶのか、その辺をお聞かせください。

結城浩：はい、参考書の選び方ですね。

まずは、インターネットでとりあえず情報収集をします。すると、その分野の専門家である先生が「この本はここがおかしい」といった批評を書いていたりします。批評を読んでロジカルに正しければ「ああ、なるほど」と思いますね。それとともに「こういうふうに書くと専門家の目にはおかしいとうつるのか」と学びます。

そのときに自分自身の判断能力のチェックを同時に行います。「あ

る本」を専門家が読んで「この本はおかしい」と言う。でもその同じ本を私が読んでも「この本はおかしい」とは思えない。言われてみればわかるけれど、言われなければわからない。それで、自分自身の判断能力と、専門家の判断力のギャップの大きさを実感します。ギャップの大きさが自分の勉強しなければならない量の大きさということですね。

　参考書を選ぶときには、できるだけ専門家の書いたものを選びます。かみくだいてわかりやすく書いた本も読みますが、必ず専門家の書いたもので「裏を取る」ようにします。

　それから、非常に重要なポイントですが、参考書に書いてあることを使うときには「自分がほんとうに理解したことだけを使う」ように注意しています。つまり、参考書の丸写しはほとんどないということです。話の本筋ではないところで、紹介する意味合いで難解な数式を写すことはあります。でも、話の根幹に関わるところでは「自分の理解している範囲で書く」ことが大事ですね。

　数学はほんとうに難しいです。ちょっとした表現の違いで、一般の人にはわからなくても、専門家には「でたらめ」に見えることもあります。ですから、インターネットで数学者さんを探してレビューをお願いするようにしています。大外しをしないためにはレビューアさんの存在は欠かせません。もちろん、最終的なまちがいは著者の責任ですが。

　そういうことで、お答えになっているでしょうか。

参加者：ありがとうございます。

4.7 まちがいそうなところをどうやって拾うのか

参加者:『数学ガール』の最初の本から非常におもしろいと読んでいます。先ほどの質問は「いかにして正しく書くか」というお話でしたよね。

　僕が結城さんの本を読んでいてすごいなと思うのは、逆に「読者がまちがえやすいところをうまく拾っているな」というところです。読者はほんとうにいろんなまちがいをするものですが、結城さんの本ではうまくそれを拾っていらっしゃる。

　僕がお付き合いしている著者さんはだいたい大学の先生でして、対象となる読者に授業で教える経験のある人が多いんです。教えた経験のある方ならば、学生さんや生徒さんがまちがえたから、という経験をもとにして書けると思います。でも結城さんの場合は、いったいどういうところから拾っていらっしゃるのでしょうか。僕は、それにずっと興味がありました。ご自身がむかし数学を勉強した体験からなのか、あるいは他の何かなのか。その辺をぜひお聞かせください。

結城浩：なるほど。よくわかります。すばらしい質問ですね。

　私の本の中では、テトラちゃんがまちがえたり、ユーリが勘違いしたりしますね。そういう典型的なまちがいがどこからやってきたか。特に読者にとってインストラクティブな（教育的な）まちがいはどこから拾ってきたのか。

　編集者さんとしては、著者のそういうネタ元は気になりますよね。ネタ元を探るいい質問です。（笑）

　でも、ネタ元を探られたとしても私は困らないです。なぜかというと、そのような「読者がどういうところをまちがうか」のネタ元というのは私自身だからです。

「私は数学者ではありません」——これはこういうときにこそ使うセリフですね。（笑）　私は数学者ではありません。ですから、一生懸命勉強しなければいけないんです。

『数学ガール／フェルマーの最終定理』を書く前に、私は「互いに素」という概念を知りませんでした。知らないというのはちょっと言い過ぎですが、現在理解しているようには理解していませんでした。でも、いまは理解しています。『数学ガール／ゲーデルの不完全性定理』を書くときも、対角線論法は知っていましたが、知らないこともたくさんありました。数理論理学という分野そのものもよく知りませんでした。

何をいいたいかというと、本を書くためには自分が勉強しなければならないということです。自分で勉強する。そうすると当然ですがまちがいます。それに、本を読みながら「どうしてこうなるのかな」と疑問を持ちます。まちがったり疑問を持ったり……私はしつこい性格をしていて、そういう自分のまちがいや疑問をずっと覚えているんです。そして、本を書いているとその記憶が蘇ってくる。「そういえば、ここでまちがったな」「そういえば、こんな疑問を抱いたっけ」という具合です。自分で学んだ体験が元ネタといってもいいと思います。

そのような、本を書くための勉強での体験のほかに、自分の中学・高校時代に悩んだ経験も元ネタといえます。放課後、図書室で数学を勉強しているとそこに美少女がやってきて——そんな、「数学ガール」に出てくるような華やかなエピソードはありませんけれど。（笑）

真面目な話をします。私は、文章を書いているときに「内在律」というものの存在を感じながら書きます。文章をきちんと書こうとすると、自然に浮かび上がってくる疑問を大切にするといえばいいでしょうか……文章で説明をきちんと行おうとすると、キーとなるところでどうしても引っ掛かりが生まれます。そのキーとなるとこ

ろをしっかりと書かないと、納得いく文章にならない。そういう箇所が浮かび上がってくるんです。文章にまとめようとすると自然に生じざるを得ない秩序、それが内在律です。これは筒井康隆の造語だったかな。内在律があるから、そこからずれている部分が浮かび上がってくる。

　たとえ話をします。表面がつるつると滑らかな机があるとしますよね。その机を手ですうっと撫でていったとすると、途中に傷があればすぐに気づきます。文章を書いていて引っかかるところはそれに似ています。

　私は読者さんにスムーズに読んでもらいたい。そのつもりで書き、自分で読み返します。すると途中で「あれ？」と思う。自分で読んでいて、何か引っかかるわけです。ここに何かスムーズに進まないものがあるな、と気づく——机についた小さな傷のように。そこで、その引っかかる箇所をじっくりと読んで考える。そうするとやがて「ああ、そうか。自分はこんなふうに勘違いしたから、引っかかるんだ」と気がつきます。そしたらそれを直す。その繰り返しをやっていくのが私の文章の書き方かもしれません。

　説明文でもなんでもいいんですが、まずは普通に書きます。そして読み返すと「なんだか嘘っぽいな」と感じるところがある。嘘というか「何かをここでごまかしているな」と感じるところです。自分で納得していないのに「そうですよね」などと書いている。自分で書いた文章のことですよ。

　私の中には、とっても素直なテトラちゃんがいます。文章を読んでいて引っかかるところで必ず手を挙げて突っ込んできます。「す、すみません。いま何ておっしゃいました？」などと聞き返してきます。素直ですけれどやわじゃないです。「それ、どういう意味ですか」や「さきほどの説明と違いますよね」と言ってくる。そんなテトラちゃんの声を聞いた私は、テトラちゃんに向かって「これはね」と説明を試みる。文章を書いているときには、そんな対話が行われ

4.7　まちがいそうなところをどうやって拾うのか　　229

ます。

　わかっている人相手に書くのは比較的楽です。でも初学者・初心者相手に書くのは楽ではありません。まっさらな頭を持っているので、ギャップがあると素直に引っかかってしまうのです。ですから、読者が引っかからないように何度も撫でて磨きます。

　「この本は今後、十年二十年と読まれるかもしれないんだから、しっかり読み返そう」という気持ちで、何度も何度も撫でます。「ここが引っかかる、あそこにまだ傷がある」と言って直すんです。説明不足だからといって掘り下げていくと「互いに素」だけで一章分になったりするかもしれません。

参加者：そのようなやりとり、納得するまで繰り返すやりとりというのは、中学・高校時代になさったのでしょうか。たとえば同級生たちと。

結城浩：「数学ガール」に登場する対話のように、突き詰めたところまではできなかったと思います。でも、中学・高校時代の友達とのやりとりの記憶は重要です。本を書いていて蘇ってくる記憶はありますね。私の中で物語が産み出されていくもとになっているようです。ありがたいですね。もうちょっとしっかり勉強していたらよかったんですが。

参加者：本をお書きになるときに、自分の中だけでそのようなやりとりができているというのは、すごいなあと思います。

結城浩：はい。でも、ある意味とっても簡単なことです。私の中にテトラちゃんやみんなが「いる」からです。

参加者：いやいや、そういうのが「すごい」ということなんです。

結城浩：私が主体的にやっていること、意識的にやっていることは「問題を与える」ことなんです。

数学ガールたちに対して「では今回の問題はこれです」と言います。そうすると彼女たちはその問題に向かって考え出します。

　元気少女のテトラちゃんは「ぜ、全部書き上げてみますっ」といきなり全開でがんばりはじめ、ミルカさんは「ふうん……」と何か深いことを考え始める。やがてその考えを持ち寄って発表会が始まるので、私はそれをじっと耳をすませて聞いています。メモを取りながら。そのすべてを本にするととんでもない量になりますから、一部を厳選して本にまとめている——そんな感じですね。とても楽しいです。

　さっぱり説明になっていませんが、実際に起きているのはそういうことです。

参加者：いまのお話で出てきた「キャラクタが動く様子」にとても興味があります。そのときは、一度にたくさんの人数が出てくるんでしょうか。それから、先生が机に座っているときに出てくるものなのか。キャラクタのおしゃべりを聞いてるとき、先生はずっと机に座ったままなんですか。

結城浩：キャラクタがしゃべっているときに私が何をしているか……いや、それはいろいろです。

　そうですね……キャラクタたちとは24時間いつも一緒にいる、みたいな感じです。道を歩いていても、買い物していても、本を読んでいても、いつでも急にテトラちゃんがしゃべりだしたりします。
　散歩しているときにミルカさんが突然《無矛盾性は存在の礎(いしずえ)》なんて、かっこいいセリフを言ったりします。そのときは急いで私はメモを取ります。なかなか大変です。（笑）

参加者：机に向かって「さあ書くぞ」というときに出てくるわけではなくて、キャラクタの存在が常にあるんですか。

結城浩：そうです。もちろん「さあ書くぞ」というときにはがんばっ

て書きますが、存在については24時間、いつでもという感じです。

参加者：うまく出てきやすい状況というのはありますか。

結城浩：お化けではないですからね。（笑）

参加者：お風呂に入っているときとか、活動が活発になるときはないんですか。（笑）

結城浩：いやあ、特には。

参加者：「降りてくる」わけですね。

結城浩：どうでしょう。

そうそう、これが近いかな。みなさんもご経験があると思うんですが、友達とどこかでおしゃべりをして、別れて、家に帰ってきてから「あの人、こんなことしゃべってたな」と思い出すことはありますよね。

「あの人に、こんなこと言ったら、こういう返事をするだろうな」や「彼女はこういう音楽が好きかも！」って想像することもありますよね。それととても似ています。

お化けが出てくるようなものではなくて、お友達二人のことを思い出して「彼女と彼女を会わせたら、こんな話題で盛り上がりそうだ」などと考えたりする。私が「数学ガール」を書きながら、キャラクタが活動しているというのは、それに近いかもしれません。キャラクタが自由に、それぞれのキャラクタらしさを出しながら数学トークをするんです。

話を始めるにあたって、どういうお題を彼女たちに与えるかは私が考えます。「じゃあ、背理法の話にしましょう」のようにですね。そのお題を「僕」とユーリの二人に与えようなどということも私が考えます。でも、そのあと私はちょっと身を引きます。彼女たちが何をどういう調子でしゃべるかは「おまかせ」で、自然に話をさせ

ます。私はその数学対話を書き留めておいて、読み返して、微調整をします。テトラちゃんはこんなふうには話さないとか、ユーリはここでもう少し粘りそう、のように。

参加者：ありがとうございます。

4.8 扱うテーマの粒度について

参加者：「数学ガール」シリーズはこれまでに5冊読ませていただいております。

　それぞれの本で扱っているテーマは「大きさ」がかなり違うと思うんです。たとえばフェルマーの最終定理はとても大きな話だと思います。それを理解することと、たとえばガロアの話を理解することとでは、かなりレベルが違うと思っています。

　フェルマーの最終定理ですと、図の一つ一つはかなりカプセルの中に包まれていて、それを組み合わせて理解・納得してもらうという感じがします。それに比べてガロアの話ですと、もっと自分で手を動かして計算してみる。やってみてから、あとは自分の頭で考えてねというレベルの話だと思うんです。

　一言で「理解する」と言いましても、そのような数学におけるズームレンズをいろいろ使い分けていると思います。

結城浩：そうですね。

参加者：そのような、うまく理解できるようなカプセルに収める手法は、他には数学のどの分野に使えるんだろうな……と考えたくなります。これは次のネタになるのでお答えにくいことでしょうけれど、そこに興味があります。

　私もいろいろ数学の話を書くんですが、たとえば先日、abc予想について、証明を書いた望月氏ご本人のレクチャーを聴いてきたん

ですけれど。

結城浩：それはすばらしい。

参加者：でも、とてもじゃないけれど、わからない。私の横に、幾何をやっている京大の某教授がいたので「何パーセントぐらいわかりましたか」と尋ねましたら、「うーん。数パーセント」とおっしゃいました。

　そのように、専門家が数パーセントしかわからないものが、こちらにわかるわけがない。でも、フェルマーの最終定理は「数学ガール」のような形なら、「納得」という形にまとめることができる。証明の論理的な構造を納得できる。

　数学の話を書くときに、どういうふうにしたらいいのか……それは僕の課題でもあるんですが。ですから、いろいろと学ばせていただきたいと思っている。そういう話です。

結城浩：abc予想は、いま数学の読み物を作る方々は、「どう料理しようか」と思っている題材だと思います。でも、なかなか難しい話ですよね。

参加者：abc予想そのものはわりとわかりやすいんですけれども、その裏にあるものはとんでもないですね。

結城浩：先ほどおっしゃったことで、私が非常に驚いたというか、おもしろいなと思ったことがあるんですが——フェルマーとガロア理論ではフェルマーのほうが大きいんですかね。それに驚いたんですけれど。

参加者：ガロア理論のほうが、自分でいじれるということで、両者は全然レベルが違う話だと思うんです。

結城浩：フェルマーの最終定理のほうはブラックボックスになって

いるみたいな感じですか。

参加者：そうです。

結城浩：なるほどね。

参加者：たとえば、中・高校生ぐらいが読むとすれば、自分でいじれたほうがおもしろいと思うんです。

結城浩：それは場合によるんじゃないかと私は思います。

　いま、おっしゃられた中で、最もしっくりくるのは「中・高校生ぐらいが読むとすれば」という部分です。自分が書いた文章を読んで、納得するのは誰なのか。つまり読者は誰なのか。それをつかんでいるならば、何もこわくはありません。納得の仕方は人それぞれですし、いろんな料理の仕方があると思います。フェルマーでもゲーデルでもガロアでも、書き手が変わり対象となる読者が変われば、別のおもしろいまとめかたが可能だと思います。

　「理解とは何か」と大上段に構えると深い話になってしまいますけれど、「理解してもらう文章を書く」というのは易しくもあり、難しくもあります。いろんな粒度があり得ます。機械的に「こうすればOK」とはいかない。

　テーマをどう料理するかというのは非常にジェネラル（一般的）な問題といえそうですね。

参加者：いろいろな切り口があって、それぞれでたとえば第1巻から第5巻まである。全部、切り口は違うと思うんです。

結城浩：そうですね。

参加者：ですから、結城さんはすばらしいことをやっていらっしゃるなと思うんです。

結城浩：ありがとうございます。

補足としてですが、私自身は一つ一つの巻を「そろえよう」とはあまり思っていません。先ほども言いましたが、毎回「これが最終巻だ。これで終わってもいい」と言えるくらいに思っています。自分のすべてをそこに注いで一冊一冊を作る気持ちでいるので、「次の巻では粒度をそろえよう」などという余裕はまったくないです。そろえることも難しいですし、そもそもそろえる必要はありません。

参加者：ここにいらっしゃる数学の編集者が講座をつくろうとしたら、それはそろえますよね。

結城浩：講座というのは何ですか。

参加者：シリーズのようなものです。数学の教科書のシリーズをつくろうと思ったら、ある程度そろえますよね。「数学ガール」シリーズは、教科書のシリーズとはまったく違うので、粒度をそろえないということもできるのかな、と思います。

結城浩：私はそれにはちょっと反論があります。教科書のシリーズかどうかということにかかわらず、粒度をそろえること自体には意味はないんですよ。それは手段ですから。

　大事なのは「読者が読んでどう思うか」「読者が読んで何を考えるか」です。もちろん、粒度がそろえば読みやすくなるケースはたくさんあります。粒度をそろえることによって、読者の理解に寄与するならば、それは意味のあることです。でも、読者の理解に寄与しないのであれば、粒度をそろえることにはまったく意味はありません。

　粒をそろえることでかえってわかりにくくなるケースはよくあります。似たような話がメリハリなく続いてしまって、読者が「あれれ？ はじめに聞いた話といま聞いた話は同じなのかな？ 違うのかな？」となるケースです。でこぼこやざらつきがあったほうが理解が進み、記憶に残るケースはたくさんあります。

要するに「読者の理解に寄与することはすべて良いこと」なんです。「常識的にいって、そんなことは普通はしないよ」ということであっても。逆に、「普通はそうする」と言われていることであっても、読者の理解に寄与しないことはすべてダメです。私はそう思います。

　私は『数学文章作法』でも書いているんですが、文章を書く最も大切なことは何かと問われれば、即座に《読者のことを考える》だと答えます。読者のことを考えた上で、いろんな工夫を凝らすなら良い本がたくさん書けるでしょう。でも、読者のことを考えるのを忘れたら、どんな知識を持っていても、どんなに工夫を凝らしても、どんなに能力が高くても、読者に満足してはもらえません。

　読者のことを考えているか。いま下そうとしている判断は読者のためになることなのか。その修正は読者の理解を助けるのか——しつこいようですが、それがキモです。それを失っては何の意味もありません。

　読者の理解に寄与することなら、どんなことでもそれを使ってよい。私はそう思います。

　話が違いますけれど。すみません。

参加者：それにはたぶん異論もあるし、いろいろあると思います。また後ほど。

4.9　数学以外の○○ガール

参加者：いまは「数学ガール」ということでお話しいただきましたが、編集者から「《数学》を外した企画はいかがですか」と持ちかけられたらどうなさいますか。たとえば「量子力学ガール」や、あるいは「地球科学ガール」などです。結城さんなら、そういうこともおできになるような気がするんですけれど。

結城浩：そうですね。それは未来大での質疑応答でも聞かれました。量子力学は「ガール」が出てくるかどうかはさておき、対話的なやり方で物理学を学ぶ企画は十分「あり」だと思います。ただ、私自身の理解力がおよぶかどうかは謎ですが。

　未来大でもお話ししたんですが、たとえば「物理ガール」で一番難しいところはどこにあるかと考えてみたことがあります。私はすぐに「物理ガール」を書くつもりはありませんが、もしも「物理ガール」を書くとしたら、特に「古典物理ガール」を書くとしたら、一番の難関は「実験」の扱い方にあると思います。

　数学は純粋に頭で考えた世界で仮定を定めて進むことができます。そういう意味では非常にやりやすい題材です。でも、物理や化学は自然科学ですから、実際の世界をどう扱うかが物語でのキモになると思いました。

　どういうことかというと、お話ではいくらでも実験結果を「作ってしまう」ことができます。「こういう実験をしたら結果はこうなりました」と数値の表を読者に提示します。そしてその表を調べていったら、こんな驚きの結果が！……それを読者は納得してくれるか。すっと納得できるようであればおもしろい物語が作れそうです。でも読者が「それって著者が勝手に作った数字なんじゃないの？　私はそれを検証できない」と鼻白んでしまっては困りますね。そこをどう乗り越えるんだろう。「物理ガール」を書く人はぜひ「実験」をうまく描いてほしいと期待します。

　「数学ガール」という物語のリアリティはどこにあるかというと、本の中で語られているのは、難易度はどうあれ「本物の数学」であるというところです。

　つまり、「数学ガール」の中で数学トークをしている彼女たちは、もう物語の中だけのキャラクタではないのです。なぜなら、そこでの議論は本物の議論だからです。小さな数学者たちのリアルな数学の議論だからです……。

4.10 説明の道具立てをどう探すか

参加者：先ほどの質問と重なってしまいますけれど。

最後の第10章を目指して本を書かれていて、その前の章までで道具立てを用意なさっているとのことですが、その道具立てだけで最後の結論を証明できるんでしょうか。

結城浩：どういう意味ですか。

参加者：道具立てを第10章のために用意しますよね。それを組み立てることによって、最後の章が証明——といっては変ですけれども、理解できるようにちゃんとできると思っていてよいでしょうか。

結城浩：いちおう、そのつもりです。

参加者：それなら、新しい理論があったとして、その道具立てはいったいどうやって探すのか——これが質問です。

基本的な概念はいくつもありますよね。新しい理論を説明するのに、これとこれとこれを道具立てとして用意すれば、新しい理論は説明できる……それはどのようにして考えるんでしょうか。

結城浩：それは……それは、なかなか説明が難しい問題です。そうですね……何というか、まさにそれが「本を書く」という仕事だと思うんですよ。（笑）

「本を書く」というのは、ある一つの「何か」を読者にどう提示するかということです。これとこれとこれを、どんな順番で読者に提示すればいいのか——どうすれば、読者が納得感を持って「ああ、私はこういう話を読んだんだ」と思ってもらえる本を届けられるのか。そこを考えるのが「本を書く」ということそのものだと思います。

ですから、答えとしては、毎回ケース・バイ・ケースということになりますかね。

abc予想でも何でもいいんですが、一つの理論について「数学ガール」のような本を書くとしたら、どうすればその内容を10章仕立てに持ち込めるか——それはたいへん頭を悩ますところです。ありとあらゆる手を使って考えます。そこには「こうすれば一丁上がり」のようなマニュアルはありません。

　これは自分の「能力」だと思うのですが、「一年くらいがんばったら、私はきっとここまでは理解できるだろう」という自分の学習の伸びしろのようなものがわかるんです。ですから、「よし、フェルマーをやろう」とか「ガロアに取り組もう」と思うのですね。

　最初は、関連した文章をぱらぱら書いてみます。まあ何というか勉強の準備として。それが少し進んだら「自分は一年後、ガロア理論について《このくらい》は説明できるかも」という見通しが立ちます。そして執筆スタートです。

　……とはいえ、途中でたいてい「なんでこんな難しいものを書こうと思ってしまったんだろう！」と後悔するんですが。（笑）　——まあ、でも、何とかつじつまを合わせて出版までこぎ着けます。「数学ガール」シリーズは第5巻目まで出ていますので、そんなことを5回ぐらいやってる勘定になりますね。

参加者：いまのお話とは直接関係ありませんが、いま結城さんがやられているお仕事は「世界で初めて」のことですよね。

結城浩：えっ、えっ、どういうことでしょうか。

参加者：数学のライターならたいてい、数学史のような形か、あるいは数学者個人に焦点をあてるような形で「過去」の本を書きます。でも、結城さんの場合は「今」の本を書いているわけです。

結城浩：それはどういうことでしょう。

参加者：もちろん「過去」があるかもしれないけれども、「今」を書

いているわけじゃないですか。

結城浩：「今」を書いている……それは？

参加者：普通ならば、それは数学者がやるような仕事なんだけれども、それを結城さんのような方がやっているというのは、僕がいろいろな数学の本を読んでいると、たぶん世界史的にも初めてなことですよ。

結城浩：そうですかね。

参加者：たぶんそうです。ほかの数学の本を見ていると、ガロアが決闘で死んだとかいった話にフォーカスを当てて書かれるんだけれども。そうではなくて、ほんとうに数学の理論の「今」を説明しているように思うんですよ。それはたぶん世界で初めてで、これをうまくやれると編集者はいらなくなる。（笑）

結城浩：いやいやいや、そんなことはないと思うんですが。

参加者：ほんとうに世界で初めてだと思います。

結城浩：すごい！　すごくほめられました。うれしいです。（笑）

4.11　本という形のコンテンツ

参加者：私はいま電子書籍の会社に勤めていまして、すごく悩むことがたくさんあります。そのうちの一つに「本であることの意味はどこにあるか」ということです。

　もともと紙の出版社にいて、そこから電子書籍の会社に移ったときに、紙と電子の違いは私にとってはまったくなんでもなかったんです。

　でも電子書籍に移ってみると、本とウェブの違い……伝えたいこ

とが伝わるのであれば、それは「本」でも「Webページ」でも「ブログ」でもいいし……あるいは「映像」でもいいじゃないかと思うようになってきました。

「本」であることへのこだわりは薄れてきましたが、一方でほんとうにそうなのかなと思うところもあるんです。

今日は書く人と読む人を媒介するところを結城さんはずっと「作品」とおっしゃっていたので、とても興味深く聞いていたんです。

結城さんがウェブや本、Twitter、メルマガ、ウェブの連載といったいろいろなメディアにかかわったり、ご自分でメディアを作られたりするときに、その中でどのようにお考えなのかな、と。

結城浩：すばらしい質問ですね。

いま本というものの価値がある意味、ワン・オブ・ゼムになりつつあるかもしれない。本であるからというのは別に聖域でもなんでもなくて、ほかのメディアの一つなのか、あるいは紙の本は特別かという議論があります。

昔、グーテンベルクが活版印刷を発明したときも、そんな感じだったんでしょうかね。印刷された聖書に対して、写本でなければ聖なる書物ではないと思った人もたくさんいたでしょう。

その解決方法は一つしかないと、私は思っています。読者のことを考えるかどうかです。本でなければいけないという読者はいます。でも、電子書籍でも全然気にしないという人もいるし、重たい紙の本なんか持ちたくないという読者もいる。「だれに届けるか」ということを考えれば、自ずから解決するというか、答えは導けるような気がする。

それができないとすれば原因は一つで、読者のことを知らないからです。読者のことではなくて、自分がいま持っていることで何かできないかと考えているんです。そうすると、ゆがむんですよ。自分がいる場所を守りたいとか、自分がいま持っているこれを取られ

たくないとか、そこに中心がいくといろいろなものがゆがんでくる。

そうではなくて、読者はだれですか、読者は何を考えていますか、読者がほしがっているのは何ですか、読者は何歳で、男性か女性か、働いているのか家にいるのか……どういうときにどれだけお金を使ってどういうサービスがほしいと思っているのか、ほしくないと思っているのか。

それをずっと考えていくことができるなら、どういう媒体、どういうやり方で何を届ければ喜んでもらえるかに対する答えは出てくると思うんです。

私も含めてほとんどの人は、読者の姿を完全に見ることはできません。だから、マーケティングの人は読者の姿をなんとかとらえようとする。忘れていけないのは、すべての活動は読者のためにやるのであって、自分の何かを守るためにやるのではないということ。それを捨てられれば、非常にラクになります。（笑）

それは紙を否定するわけでもなくて、電子を否定するわけでもなくて、必ず折衷しなければいけないわけでもなくて「読者の姿が見えているかどうか」が一番重要だと思います。

参加者：結城さんのメルマガが配信され始めたというのを聞いて検索してみたら、たしか800円ぐらいで。

結城浩：月に840円です。

参加者：そのときに「うーん」と思って、そのまま申し込むのをやめてしまったんです。（笑）　その後、ケイクスで連載が始まったのを知って、ケイクスは150円。

結城浩：週に150円です。

参加者：そこは迷わず申し込んで読ませていただいています。（笑）でも、ケイクスは週に150円なので、月に換算するとメルマガとそ

んなに変わらない。ですから、後で考えて「ああ、そうか」と思いました。

「伝えたいことを伝える」ということとは別に「お金の問題」があるんじゃないかと思います。そこも悩んでいまして、そこはいかがでしょうか。（笑）

結城浩：いかがでしょうか！ ……これは、でっかい球を投げられました！ （爆笑）

それって心情の吐露ってやつで、全然質問じゃないですよね？（笑）

参加者：悩み相談というわけじゃないんですが。（笑）

結城浩：悩んでいるのはわかります。

自分でやってみるのは大事です。「自分でやってみる」ことを通していろんなことがわかります。私は有料メルマガを始めるときに、ほんとうに考えました。これはいくらにしたらいいのかな。月100円だったら買ってもらえるのかな。いやいや、1000円ぐらいいただいたほうがいいのかな、と。「うーん」と悩むわけです。それで、いろいろ考えて840円とつけました。

そうすると、Twitterで見ると「高い」「いや安い」といろいろ声が聞こえます。それに加えて、まぐまぐ！さんはカード決済しかできないので、カードを持っていない人は買えないということもありますね。

有料になって初めてわかるおもしろいことはたくさんあります。お金の問題は非常に深いです。お金が絡むと、手応えというか反応の重みを強く感じます。メルマガで読者さんが一人増えることがどんなに心強いか。お金を払ってまで私のメルマガを読んでくださる人がいる！……と。

私は毎日、自分のメルマガの人数をチェックしています。「ああ、

やっと今日一人増えた」と喜びます。きっと昨日の宣伝活動で読者さんが増えたのかな、などと考えたりもします。

　Twitterなどで宣伝をしますが、そのときにはどういう言葉遣いをしたらいいのか、なども真剣に考えますね。読者さんの反応を身体で感じるわけです。そして有料メルマガだとそれが非常に重く実体験となるということです。

参加者：悩む前にやってみろということですか。

結城浩：違うんです。悩${}^{\cdot}$んだ上でやってみろということでしょうか。この値段を払うかどうか、それは読者さんの悩みでもあるわけです。

　それはお金だけの話ではなく、内容にも影響します。月840円の壁を越えてまで読んでくれる読者さんがいるんだから、読者さんにとっておもしろいメールを出そうとがんばりますよね。

　まとめると「実際に悩んだ上でやってみましょう。そうすると見えてくることがありますよ」といった感じでしょうか。

参加者：詳しくは二次会でまたお願いします。（笑）

4.12 キャラクタのモデル

参加者：「数学ガール」にはいろいろなキャラクタが出てきますが、そのキャラクタを決めるときは細かく決めるんですか。それとも、もうすでにいる人をどうかするみたいな形なんですか。

結城浩：うーん……それは、場合によるかな。難しいな……。

参加者：先生の中にいるような形になっているんですか。

結城浩：いろいろな場合があるので、なんとも言えないですね。ただ、頭で作ってはだめですね。こういうキャラクタがほしいから便利に作ってしまえというのはまずい。

もちろんユーリが出てきたときみたいに、中学生ぐらいのキャラクタがほしいというぐらいはいいと思うんですが。

　私は文章を書くまで、ユーリがこんなにロジックが得意だとは知りませんでした。「この子、けっこう論理的な話は好きなんだな」と書いてから発見しました。それから「けっこう口が悪いな」とか。

　キャラクタについて、書いているうちに後から発見することは多いです。テトラちゃんは成長するし、リサは世話好きだしと、いろいろあります。

4.13　どのくらい勉強するのか

参加者：読者に納得がいくように数学的な内容が伝わるようにするには、結城さんご本人が相当深いところまで理解されないとなかなか難しいと思います。その場合、どれぐらい勉強されているんでしょうか。たとえば一番おおもとの論文までさかのぼってそれを完全に理解した上でやられているのか。あるいは、もうちょっと中間的な、数学者の人が書いた解説書みたいなものを読み込んで、そのぐらいのレベルの理解でよしとされるのか。いかがでしょうか。

結城浩：なかなか難しいんですけれど……分量的には「30冊読んで、3冊分書いて、1冊の本ができる」という感じですかね。1冊の本を書くのに試行錯誤しますが、分量としてはテキストにしてだいたい3倍ぐらい書くんです。ですから、書いた分の3分の1が1冊になるというイメージでしょうか。

　読んでいる本としては、たぶんキーになる本は3冊ぐらいですが、目を通すものを含めると1冊分を書くのに30冊ぐらい読みます。オーダーとしてはそのぐらいは読みます。

　内容は「自分がよく理解していることを書く」ことにしています。だから、自分が理解できて、納得もできれば、難しいことも書ける

かもしれません。「自分がわからないこと」や「自分が理解できないこと」を丸写しはしないというのは当然ですが大切です。

ですから、私が苦手なのは歴史です。歴史というのは、極論をいえば、どこかの歴史書の引き写ししかないわけです。西暦何年にどんな戦争があったというのは論理的に導かれることじゃありません。あっ、すみません、ほんとうはどうかわからないです。ほんとうに歴史的なことを追究していく人は、原典に当たって読み込むのかもしれませんが、それはちょっとできないので。

数学は違います。自分で論理的に式を追える。「ここまでの知識からすると、このことは確かにいえる」……そういう推論ができます。それは納得する上で大切なことです。自分が納得した内容だけを本にするというのは、私の非常に大きな一線ではあります。

あとは、数学ができる理系の方々が読んで「大外し」しないように注意をするのもあります。

参加者：そうすると、勉強するときに読む本というのは、難しい本から簡単な本までいろいろなものがあるんですか。

結城浩：もちろんです。

参加者：数学的な読み物は、下手すると誰かの本のここ、別の誰かの本のここ……などを寄せ集めた二番煎じになりかねないと思うんです。でもそうではなくて、ちゃんとご自分の形に消化されて出されていますよね。そこはかなり難しいものがあると思います。それはどういう形でやるんでしょうか。

結城浩：そうですね。単なる二番煎じにしないこと——それはほんとうに難しいと思います。それは品質管理の一種です。

本を書く仕事は、いくらでもさぼれます。今日さぼっても誰も怒らない。明日さぼっても誰も怒らない。一ヶ月さぼっても誰も怒らない。一年さぼっても誰も怒らない。ただ、本ができないだけです。

本を書く仕事は、いくらでもさぼれます。書いていて、どの時点でも「今回の本はこの程度でいいや」と手抜きができます。もしも、その気になれば。

　自然と二番煎じにならないようにする方法はあります。それは「少しでも良くしよう」「少しでもわかりやすくしよう」と自分なりの表現を追求することです。どんな本を参考にしても、それを単に写すというのは私には耐えられないです。どんな短い文でも、どんなちょっとした図でも、自分の本に載せるためには少しでも良くしようと思います。

　私はかなりうるさい……小うるさいです。LaTeX はいいですよね。何千回直しても一言も文句を言わずに従ってくれますから。

　もちろん、本質的に大事なことを参考書をもとにして書く場合はあります。でも、表現や書き方はもっと良くしようと努力します。読者のことを考えて少しでも良くする。

　私が参考にした本の読者さんと、私自身の本の読者さんは完全には一致しないです。ですから「読者のことを考える」に徹すると自然とより良い表現に向かい、二番煎じも避けられるように思います。「読者のことを考える」というのはほんとうに魔法の鍵です。どんな扉もこれで開けられる——私はそう思います。

参加者：結城さんの本を読んでいると、表現のレベルではなくて、もっと深いレベル——頭の中のイメージや理解レベルで、他の本の真似をしたのではないと思います。単なる表層的な手直しではなくてですね。

結城浩：そうなんですかね。

参加者：そういうところは、うん、なかなか難しいと思うんですが。それにはよくよく理解していないといけないし。数学の根本的なところから——どのくらいかはわかんないんですが、深く理解されて

いないと書けないと思うんです。

結城浩：そうなんですかね……なんだか、むちゃくちゃほめられているようで、たいへん気分がいいんですが。（笑）

参加者：たとえば、何か本を読んでいて「表現は違うけど、別の本で似た話を読んだ」と感じることが多いんですが、結城さんの本には、あんまりそういうのがないと思います。同じ題材をあつかったとしても、説明が「表現レベル」ではなくて「理解レベル」で違うような。

結城浩：そうなんですか。どうなんでしょうね。私はわからないですけれど。

参加者：だから、ほんとうに、たとえばゲーデルの元論文からちゃんと読み込んで理解された上で、それを消化されて表現されているのかなと。

結城浩：ゲーデルに関してはそうです。もうだいぶ忘れちゃいましたが、書いているときは理解していました。『数学ガール／ゲーデルの不完全性定理』には、執筆時点で私が理解したものを書いています。だから、私の頭を通らずに、機械的に書かれているものはありません。それは確かです。

参加者：その話に関係するんですが、『数学ガール／乱択アルゴリズム』に「期待値」の話が載っています。「期待値は平均と同じである」というのを、たぶん普通の教科書だと「同じである」としか書いてありません。でも、「数学ガール」では、その説明にいたるまでをいちいち全部書いてあるわけです。期待値については2ページぐらいにわたって書いてたんじゃないでしょうかね。

　ああいう言い方がすばらしいんです。先ほど質問なさった方がおっしゃられたのは、そういうことだと思うんです。いわゆる教科

書をやったら「期待値は平均と同じである」で終わる。

でも結城さんの本は、かゆいところに手が届く、下まで降りてくれる。私が数学の本を読んだときには「同じである」としか書いてなかったんですが、「同じである」ことの説明がいちいち書いてあるのがすばらしいと思いました。

結城浩：なるほど。よくわかります。それは意識してやっています。というか、私自身がすぐに理由を忘れるからなんですが。

数学者が書く数学書というのは非常に矛盾に満ちています。数学者が書く数学書の特徴とは何かというと「読者は何も知らない」という前提で書いてることです。でも、それはうそですよね。読者はみんな、いろんなことを知っている。数学者は「読者は何も知らない」ということを前提に書いている。それがまず驚くべきことの一つです。

それから、数学者が書く数学書の特徴のもう一つは、「一回書いたら読者は絶対に忘れない」という前提があることです。（爆笑）　でも、これも違いますよね。

私はその正反対をやっています。読者はいろいろなことを知っています。読者には経験もある。毎日きちんと生活している。数学的概念も——その言葉そのものは知らないかもしれないけれど——実はいろいろ知っている。ですから、私は、読者が知っているはずのことを最大限に使って書き始めます。

でも、読者はしばしば忘れます。一回きちんと教えたとしてもすぐに忘れます。ですから何回も何回も「これはあれのことですよ」「これはあれのことですよ」「これはあれのことですよ」と言う。なぜかというと、人間は忘れっぽいからです。それは数学書の正反対を行くことだと思います。

期待値についてですが、私がそれを本で理解したときには「期待値……これって、平均のことじゃん？　なんでそういうふうに言っ

てくんないの！」とユーリみたいなことを思いました。「なんでそういうふうに言ってくんないの？　なんでそういう説明をしてくんないの？　その一言ですむじゃん」と。

　もちろん細かくいえば、平均値と期待値が違う局面もあるんですが、「まずは言い切れよ」と思うことはあります。

参加者：そこに引っかかるんですよ。書いている数学者自身がそういう細かい例外に引っかかるんです。

結城浩：なるほど。それはきっと……数学者は数学的概念のほうを見ていて、読者のほうを見ていないからです。もちろん、専門的な数学書はそれでいいのかもしれません。どれほどドライに書かれてもかじりついて読む専門家養成という部分もあるかもしれませんから。ですから、私の書く本とは想定する読者が違うということですね。

　数学書の読者というのは、非常にモチベーションが高く、非常に忍耐強く、ある意味、理想的な読者です。

　でも、私の読者はそうではないです。飽きたらすぐにパタンと本を閉じてしまう方もたくさんいます。ですから、何とかしておもしろいと思って読んでいただきたいと思っています。

4.14　文章を書くモチベーション

司会者：ご質問は、そろそろラストですが。

参加者：結城さんは「数学ガール」を最初は無料で公開されていたということですね。そもそも、結城さんが文章を書かれるモチベーションはどのあたりにあるのかなと思います。

　『数学ガール』も非常に衝撃的でしたが、僕はその前の『プログラマの数学』も非常に衝撃を受けました。結城さんが数学の本を書か

れるんだということで。あの本も数学の考え方がわかる非常にいい本だと思っています。ああいう本を書かれるモチベーションはどのあたりにあるのか、お聞かせください。

結城浩：ありがとうございます。すばらしい質問ですね。

　教師の最大の報酬、それは生徒の「なるほど」という言葉です。教師が教えると、生徒が目を輝かせて「なるほど！　そういうことだったの、先生！」と言う。これが最高の報酬です。

　著者も同じです。読者から「なるほど！　そういうことだったのか！」というメールが来たりすると、私はもう「何でもしまっせ」みたいな気持ちになります。（笑）　もちろん生活がかかっているので、お金はいただきますが。（笑）　せめて読者さんが喜んでお金を払ってくださるような本を書きたいですね。

　執筆のモチベーションは、お金ではありません。

　著者としての最大の報酬……

　それは、読者の「なるほど」という言葉です。

司会者：時間となりました。最後にいい締めとなるご質問をいただきましたので、これで終了とさせていただきます。

　結城先生、どうもありがとうございました。

（拍手）

第III部

数学ガールの誕生前夜

以下の小作品について

　私は、2007年に『数学ガール』が書籍として生まれるまで、女の子が登場する数学読み物を Web でいくつか公開してきました。本書で紹介したものの一部を以下に掲載します。これらはいわば「数学ガールの誕生前夜」とも呼ぶべき小作品といえるでしょう。

- 女の子
- インテグラル
- 指の数
- ミルカさん

女の子

　その女の子が乗ってきたとき、電車の中で空いている席は私の隣だけだった。

　紺のセーラー服を着ている。たぶん高校生なのだろう。黄色いプラスチックの髪留めをしている。小さなハート型だ。学生鞄は持っていない。重そうな大き目の布のバッグを下げている。小柄でピンクのマフラーをしている。

　そういえば、今日は寒かったな、と私が思っていると、その子はするすると隣の席に座って、ひざの上に重そうにバッグを載せ、ふう、と一息つく。

　バッグには筆記体で Where is the truth? といううししゅうがしてある。最後の th が曲がっていたから、きっと手作りなのだろう。座ってすぐ、彼女はバッグから大きくて黒いハードカバーの本を取り出す。

　Knuth, Ronald, Patashnik が書いた、"Concrete Mathematics" の邦訳だ。

　私はちょっと驚く。女の子は、細長い水色のしおりがはさんであるページを開いて、熱心に読み始める。とてもおもしろそうに読んでいるから、もしも向かいの席から見たなら、この女の子はハリー・ポッターを読んでいるのだと勘違いされるかもしれない。

　でも、Knuth の本だ。私は、隣から、ちらちらと視線を本に向ける。シグマがたくさん出てくる。本文中の数字は Euler フォントだ。ページのマージンは広めにとってある。まちがいない。

　どこを読んでいるのだろう。練習問題のところみたいだ。離散対数、という単語が見えたような気がしたけれど、はっきりとはわからない。

と、その子は急に頭を上げて、電車の吊り広告に目を向ける。でも吊り広告を見ているわけじゃない。頭の中で数式を変換しているのだ。

　駅についたので私は席から立ち上がる。彼女は座ったままだ。

　電車から降りながら、私はその子のほうをちらっと振り向く。彼女は "Concrete Mathematics" の後ろのページをめくろうとしている。

　きっと、巻末の解答を見て答え合わせをするつもりなのだろう。

Where is the truth?

(2002 年 11 月 8 日公開)
http://www.hyuki.com/story/mathgirl.html

インテグラル

　二次会が終わると、友人たちは三次会に流れていってしまった。時計を見ると 10 時 23 分。帰るにはまだちょっと早い。酔いざましに一人でコーヒーでも飲もうと、ホテルのロビーに入った。

　ロビーには、あまり人はいなかった。僕は手近なソファに腰をおろし、高い天井のシャンデリアを眺める。向こうのラウンジからピアノの音が静かに流れてくる。いったん座ってしまったら、あまり動く気がしない。ラウンジまで歩いてコーヒーを飲むのはいささか面倒だ。

　ふと、斜向かいのソファに座っている若い女性に気がついた。やわらかな素材の白いワンピースに、長い黒髪。彼女はソファの前にあるガラスのテーブルに向かって、何かを書いている。顔を伏せていて、表情はよく見えない。大きな紙に向かってペンを走らせているらしい。ゆったりしたロビーの雰囲気とはうらはらに、彼女のまわりだけ空気が張り詰めている。

　何を書いているのだろう、と僕は思った。何かをスケッチしているのかな。いや、違う。彼女は何かを見ながら書いているのではない。少しも顔を上げないからだ。小説や手紙でもない。あまりにもスピードが速すぎる。

　僕は彼女をじっと見る。しばらく見ていると、彼女の手が妙に規則的な動きをしているのに気がついた。彼女は横書きをしている。一行の中ほどにくると、ペンを上下に何回か大きく動かす。そしてまた書き続ける。次の行も同じだ。一行の中ほどで、まるで激しい波を描いているように、ペンが上下に動く。リズムに合わせて髪がゆれる。

　何を書いているのだろう。

そのとき、太った背広の男が一人、彼女に近寄ってきた。かなり酔っているらしく、足元がふらついている。男は、にやにやしながら彼女に向かって何かを話しかける。彼女の知り合いではなさそうだ。話しかけられても彼女は返事をしない。顔も上げない。ペースも変えず、ひたすらペンを走らせる。男はしつこく話しかける。しまいに男は、彼女が書いている紙に手をのばした。
　そのときはじめて、彼女は顔をあげて言った。
「その手をどけなさい」
　男も、そして私までも、その声に思わずびくりとした。
　彼は何か言い返そうとする。そしてためらう。結局、彼は肩をすくめてその場を立ち去った。彼女はすでに紙に視線を戻し、書き物を続けている。ラウンジのピアノが聞こえてくる。
　と、僕の心に《アルキメデス》という名前が出し抜けに浮かんだ。

　　アルキメデスは、シラクサ落城の日も、床の上に円を描いて
　　研究を続けていた。武装したローマ兵が彼の家に乱入し、一人
　　がアルキメデスの円を踏みつける。そのとき、アルキメデスが
　　思わず叫んだ。
　　「その円を踏むな」
　　これがアルキメデスの最期の言葉となった。

　彼女が書いているのは数式に違いない、と僕が確信したのはそのときだ。あの、リズミカルに上から下へ動く手は、積分記号を書いていたのだ。
　ゼロから無限への、インテグラルを。

(2004 年 6 月 13 日公開)
http://www.hyuki.com/story/integral.html

指の数

　私は午前中の原稿書きを終えて、お昼を食べようとデパートに入った。
　中央の吹き抜けには大きなツリーがある。ヒイラギの緑と赤。白い雪。通りかかる買い物客はみなツリーを見上げる。私も見上げる。てっぺんには大きな金色の星。
　もうすぐ、クリスマスだ。
　かたわらに小さな女の子が立っていて、私と同じようにクリスマスツリーを見上げている。小学生だろうか。賢そうな横顔。やわらかなピンク色のセーターにスカート。ポニーテールにはプラスチックの髪留めが一つ。これもピンクだ。足元には大きな布バッグ。顔を上に向け、まっすぐにツリーの星を見つめている。
　私の視線を感じたのか、彼女はゆっくりとこちらを見る。一回まばたきをして、にこっと微笑む。思わず私も微笑みを返す。
　彼女は私のほうに向き、軽く握った右手を前に突き出す。そして「**れい**」と言う。少なくとも、そのような形に口が動く。でも声は聞こえない。
　れい？　私は首をかしげる。この子は何をしているんだろう。
　右手に並べるように左手を前に出し、左手の人差し指をぴんと立てる。そして「**いち**」と言う。やはり声は聞こえない。
　数を数えているのかな。「零」そして「一」。
　次に彼女は、右手で左手に触れる。そして右手も人差し指を立てる。「**いち**」と彼女は言う。
　続いて彼女は、左手で右手に触れ、今度は左手でヴイ・サインをする。「**に**」
　彼女の手の動きが少し早くなる。右手の人差し指で左手のヴイに

触れると、右手の指を三本立てる。「**さん**」

左手のヴイで右手に触れ、左手の指を全部ひらく。「**ご**」

そして彼女は、右手で左手に触れ…そこで動きを止める。左手は指を全部ひらいている。右手は指を三本立てて左手に重ねている。彼女はそのままの姿勢で、私の顔を見、ちょっと悲しそうな顔をする。

もちろん、私は、右手の指を全部広げて、彼女に向かって手を伸ばす。そして「**はち**」と言う。

彼女は顔をぱっと輝かせ、足元のバッグを持ち、私のそばに走り寄ってくる。

私がしゃがむと、彼女は私の耳に口を寄せる。「n 回くりかえしたら、指は何本必要？」

彼女はそう言って、くすくすっと笑う。彼女がバッグを抱えあげたとき、こんなししゅうが見えた。

Where is the truth?

(2004 年 12 月 8 日公開)
http://www.hyuki.com/d/200412.html#i20041208183941

ミルカさん

　高校一年の夏。
　期末試験が終わった日、がらんとした図書室で数式をいじっていると、同じクラスのミルカさんが入ってきた。ミルカさんは僕に気がつくと、まっすぐにそばまでやってきた。
　「回転？」ミルカさんは立ったまま僕のノートをのぞき込んで言う。
　うん、と僕は答える。ミルカさんのめがねはメタルフレームだ。レンズは薄いブルーがかっている。
　「軸上の単位ヴェクタがどこに移るかを考えればすぐにわかる。覚える必要なんかないでしょ」ミルカさんは僕のほうを見て言った。ミルカさんの言葉遣いはストレートで、ちょっと変わっている。ベクトルのことをいつもヴェクタと言う。
　いいんだよ、練習しているだけなんだから、と僕は目を伏せる。
　「θ の回転を 2 回やってみると楽しいよ」ミルカさんは僕の耳に口を寄せてささやく。
　「θ の回転を 2 回やる。その式を展開する。それから『θ の回転を 2 回行うのは 2θ の回転に等しい』と図形的に考える。すると、二つの等式ができる」
　ミルカさんは僕の手からシャープペンシルを取り、ノートの右端に小さな字で二つの式を書いた。ミルカさんの手が僕の手に触れる。
　「ほら、これは何？」
　ノートの式を見ながら、僕は心の中で（倍角公式）と答える。でも、声には出さない。
　「わかんない？　倍角公式でしょ」
　ミルカさんは体を起こす。かすかに柑橘系の香りがした。
　ミルカさんは講義しているような口調になる。「いまやったこと

を振り返ってみましょう。左辺は 2θ の回転を 1 回。右辺は θ の回転を 2 回。そして等号はこの二つのものが等しいことを表現しています。一つのものを二つの視点で見る。二つの解釈を行うといってもいい。そしてその二つの姿が、実は一つのものであると気づく。すると、とても素敵なことが起こるの」

　ミルカさんの声を聞きながら、僕は、別のことを考えていた。賢い女の子。美しい女の子。その二つの姿が、実は一人のものであると気づいたなら、どんな素敵なことが起こるんだろう。

　でも、もちろん、僕は何も言わず、黙ってミルカさんの話を聞いていた。

(2004 年 1 月 20 日公開)
http://www.hyuki.com/story/miruka.html

「数学ガール」年表

2002年 11月　Web ページ「女の子」(p. 255)
2004年 1月　Web ページ「ミルカさん」(p. 261)
2004年 6月　Web ページ「インテグラル」(p. 257)
2004年 12月　Web ページ「指の数」(p. 259)
2007年 6月　**書籍『数学ガール』**
2008年 3月　ハングル版『数学ガール』
2008年 6月　中文繁体字版『数学ガール』
2008年 7月　**書籍『数学ガール／フェルマーの最終定理』**
2008年 11月　コミック『数学ガール』(上)
2009年 7月　コミック『数学ガール』(下)
2009年 10月　**書籍『数学ガール／ゲーデルの不完全性定理』**
2011年 3月　**書籍『数学ガール／乱択アルゴリズム』**
2011年 4月　コミック『数学ガール　フェルマーの最終定理』(1)
2011年 4月　コミック『数学ガール　ゲーデルの不完全性定理』(1)
2011年 6月　中文繁体字版『数学ガール／フェルマーの最終定理』
2011年 11月　英語版 "Math Girls"
2012年 1月　コミック『数学ガール　ゲーデルの不完全性定理』(2)
2012年 2月　コミック『数学ガール　フェルマーの最終定理』(2)
2012年 5月　公立はこだて未来大学講演（本書第I部）
2012年 5月　中文繁体字版『数学ガール／ゲーデルの不完全性定理』
2012年 5月　**書籍『数学ガール／ガロア理論』**
2012年 11月　Web 連載「数学ガールの秘密ノート」開始
2012年 12月　「さる勉強会」講演（本書第II部）
2012年 12月　英語版 "Math Girls 2: Fermat's Last Theorem"
2013年 5月　コミック『数学ガール　フェルマーの最終定理』(3)
2013年 6月　中文繁体字版『数学ガール／乱択アルゴリズム』
2013年 7月　**書籍『数学ガールの秘密ノート／式とグラフ』**

索引

記号・数字

@imatake_jp 188
@nnabeyang 191
$0.999\cdots = 1$ 64

欧文

abc 予想 233
Ackey++ 190
AMS 172
cakes 203
Euler Font 8
Google Play 167
igatoxin 186
LaTeX 8
lim 97
MAA 171
myu 180
NHK 82
Twitter 206
Visual Basic 30

ア

アキレスと亀 100
アーベル 44
アマゾン 225
あみだくじ 45
アメリカ数学会 172
アルゴリズム 38
アルゴリズムの解析 34
アンビグラム 186
五十嵐龍也 186
椅子 147
上野嘉夫 127
オイラー 9
大島保彦 185
奥村晴彦 109

カ

解の公式 46
ガウス 15
確率論 34
春日旬 56, 164
加藤浩仁 127
ガール 104
ガロア理論 43
川嶋稔哉 127
君影草 181
逆元 17
キャラクタ 95, 125, 231
行列 84
クヌース 34, 85, 142
群 15, 45
群の塔 50
形式的体系 66
携帯電話 108

265

ゲーデルの不完全性定理　25
ゲーデルの論文　28
恋の冪級数　169
公理　16
言葉　54
ゴンザレス，トニー　168
権瓶匠　127

サ

サイエンス　215
再読　117
サインカーブ　26
さる勉強会　vii
三角関数　26
参考書　225
式番号　88
試験問題　58
情報ガール　108
剰余群　49
すイエんサー　82
数学的帰納法　66
数式　10
数論　15
角薫　127
角康之　127
正解　58
整数論　15
卒業論文　212

タ

体　45
台集合　18
代数学　15
タイトル　101, 224

体の塔　50
高村博之　vii, 4, 127
ダークサイド　84
たなか鮎子　106
単位元　17
単元　16
中国剰余定理　83
長男　43
追体験　79
椿本弥生　127
テクニック　85
テクノロジー　215
テトラちゃん　9
テーマパーク　68
道具　157
読者サポート　195
読者のことを考える　76
ドミノ倒し　66

ナ

内在律　228
双倉図書館　94
新美礼彦　127
二項定理　37
ニコニコ動画　189
二番煎じ　247
沼田寛　127
ネギＰ　190

ハ

背理法　21
パスカルの三角形　37
パターン　13, 22, 62
発見　81

初音ミク　189
林晋　33, 69
ハーレム　107
日坂水柯　52, 163
ビットパターン　36
微分　11
表紙　106
フィボナッチ・サイン　146
フェルマーの最終定理　14, 20
部数　103
物理ガール　110, 238
別世界　51
編集者　221
母関数　13, 55
ホフスタッター　92
翻訳　107

マ

真木環　182
マーケティング　79
茉崎ミユキ　63, 165
松村耕平　127
美馬のゆり　127
美馬義亮　127
ミルカさん　8

矛盾　33
メガネ　106
メルマガ　199, 243

ヤ

山口周悟　185
浴衣　43
吉添瑛子　184
吉田武　88
米谷テツヤ　106
よよだいん　189

ラ

ラグランジュ　45
乱択アルゴリズム　34
リサ　34
粒度　233
レストラン　99
論文　86
論理　156

ワ

ワイルズ　20
わかりましたか　60

●結城浩の著作

『C 言語プログラミングのエッセンス』，ソフトバンク，1993（新版：1996）
『C 言語プログラミングレッスン　入門編』，ソフトバンク，1994
　　（改訂第 2 版：1998）
『C 言語プログラミングレッスン　文法編』，ソフトバンク，1995
『Perl で作る CGI 入門　基礎編』，ソフトバンクパブリッシング，1998
『Perl で作る CGI 入門　応用編』，ソフトバンクパブリッシング，1998
『Java 言語プログラミングレッスン（上）（下）』，
　　ソフトバンクパブリッシング，1999（改訂版：2003）
『Perl 言語プログラミングレッスン　入門編』，
　　ソフトバンクパブリッシング，2001
『Java 言語で学ぶデザインパターン入門』，
　　ソフトバンクパブリッシング，2001　（増補改訂版：2004）
『Java 言語で学ぶデザインパターン入門　マルチスレッド編』，
　　ソフトバンクパブリッシング，2002
『結城浩の Perl クイズ』，ソフトバンクパブリッシング，2002
『暗号技術入門』，ソフトバンクパブリッシング，2003
『結城浩の Wiki 入門』，インプレス，2004
『プログラマの数学』，ソフトバンクパブリッシング，2005
『改訂第 2 版 Java 言語プログラミングレッスン（上）（下）』，
　　ソフトバンククリエイティブ，2005
『増補改訂版 Java 言語で学ぶデザインパターン入門　マルチスレッド編』，
　　ソフトバンククリエイティブ，2006
『新版 C 言語プログラミングレッスン　入門編』，
　　ソフトバンククリエイティブ，2006
『新版 C 言語プログラミングレッスン　文法編』，
　　ソフトバンククリエイティブ，2006
『新版 Perl 言語プログラミングレッスン　入門編』，
　　ソフトバンククリエイティブ，2006
『Java 言語で学ぶリファクタリング入門』，
　　ソフトバンククリエイティブ，2007
『数学ガール』，ソフトバンククリエイティブ，2007
『数学ガール／フェルマーの最終定理』，ソフトバンククリエイティブ，2008
『新版暗号技術入門』，ソフトバンククリエイティブ，2008

『数学ガール／ゲーデルの不完全性定理』,
　　ソフトバンククリエイティブ,2009
『数学ガール／乱択アルゴリズム』,ソフトバンククリエイティブ,2011
『数学ガール／ガロア理論』,ソフトバンククリエイティブ,2012
『Java 言語プログラミングレッスン　第3版（上・下）』,
　　ソフトバンククリエイティブ,2012
『数学文章作法　基礎編』,筑摩書房,2013
『数学ガールの秘密ノート／式とグラフ』,ソフトバンククリエイティブ,2013

数学ガールの誕生　理想の数学対話を求めて

2013年 9月28日　初版発行

著　者：結城　浩
発行者：小川　淳
発行所：ソフトバンク クリエイティブ株式会社
　　　　〒106-0032　東京都港区六本木2-4-5
　　　　　　　　営業　03(5549)1201
　　　　　　　　編集　03(5549)1234
印　刷：株式会社リーブルテック
装　丁：米谷テツヤ
カバー・本文イラスト：たなか鮎子

落丁本，乱丁本は小社営業部にてお取り替え致します。
定価はカバーに記載されています。

Printed in Japan　　　　　　　　　　　　　ISBN978-4-7973-7325-7